做自己的
建筑师

屋顶记

Roof Architecture

重拾绿建筑遗忘的立面

Yen Kien Hang 甄健恒 ◎ 著

山东人民出版社

屋顶建筑，终于降落

　　我曾经住在很靠近屋顶的地方。那是一栋在上海的7层公寓，不算太老，却没有电梯。每天都要像漫画*NANA*中的主人翁那样，得爬楼梯才能到家。其实换个角度看，那住宅还有几分像是阁楼的模式。虽然不及那些数十层楼高的全景式视野，可是那一丁点居高临下的优越感，还是挺享受的。我当时并没有想到会太早离开那公寓，但或许是因为对那被我认定是"梦幻之家"的怀念，所以奠定下这本书的诞生。

　　这本书的内容收录的是2000年后让人瞩目的屋顶建筑。而所谓的屋顶建筑（Roof Architecture）也从当年柯比意提议的"第五元素"——屋顶庭院——拓展到住宅、办公室、休闲设施、公共设施、娱乐设施，甚至是农场与菜园，在不同建筑师的诠释中有了更多元的功能。因此这本书并非仅仅有关于屋顶建筑，我认为，屋顶的潜力，似乎有百变的塑造能力，等待人们去发掘。

　　因此，《屋顶记》之所以如此称之，除了是借武侠大师的《鹿鼎记》作谐音，更大的缘由是"记"这一字所带的叙事性。坦白说，我并不是科班出身，不懂建筑学术性的层面，却觉得，这不应该阻挡人们对建筑设计的体会和了解。你可以当这是Coffee Table Book式的型录，也可以当故事书般慢慢将文字咀嚼。我的风格，即便有时候会让人觉得文绉绉，却依然想要与人们分享那些建筑师们的设计灵感、概念、工作模式、心情、解决问题的思考。写这本书的初衷，是为了激发创意，引起舆论，成为屋顶建筑的引介点。

当然，要感谢建筑师Eric Vreedenburgh，在屋顶建筑还未成气候的时候，就前瞻性地出版了Roof Architecture一书，以至我今日才有一块"垫脚石"，以高清版呈现出新一代的屋顶建筑。也感谢所有乐意为民间制造更多屋顶建筑的建筑师，因为有了你们，人们才不再问："为什么要屋顶建筑？"而是说："怎么不要屋顶建筑？"

《屋顶记》所下的副标题——"重拾绿建筑遗忘的立面"，也企图想在近期逐渐成为全民运动的环保主义中，多增添一分思考的层面。当人们总在宣扬绿建筑、绿建材、老屋改造的概念时，是否想过，屋顶依然是被忽略的筑地？屋顶建筑未必在建材或能源上达到百分百的环保境界，但就如一位建筑师在书中深信说："在屋顶上进行建设，就是环保。"

我想，这句话应该就是屋顶建筑的核心精神了。

像个神秘的新大陆，屋顶的逐渐开发，已经是毋庸置疑的现象。所以无论您在世界任何一个角落阅读着这本书，屋顶建筑或许已经悄悄地降落在您的四周。所以，尽管抬头望望吧！

2011年11月　家中
2016年1月　修订

PS：也要感谢劳苦功高的编辑团队，你们努力为作者撑腰，让这虽然仅仅是一小本关于建筑的记载，却让我相信，它有朝一日将成为另一本《Roof Architecture》，成为他人的"垫脚石"，算是为下一代献出一份力。

PPS：Special thanks to all architects/architect company.

目 录

再次启动，第五元素

世界上，第一个向屋顶挑战，以全新手法进行设计的伟大现代建筑师，可说非柯比意（Le Corbusier，1887-1965）莫属。

早在1926年，他就将"屋顶庭院"称为"现代建筑五元素之一"（5 Points d'Une Architecture Nouvelle。其他元素为：底层挑空、自由平面、水平横窗、自由立面）。一年后，他将这五个元素记载了下来，给了他的筑地经理 Alfred Rodolf，当时与这"五元素"有所联系的蓝图，正是一座位于德国司图加（Stuttgart）的全新建筑。

这座建筑除了采用了独立支柱（Pilotis），还有横向长窗（ribbon windows），以及将整个建筑空间的排列和立面进行了开放式设计。柯比意当时就宣称，屋顶该作为起居以及让人享受自然的用途；他曾认为这是一种充满实用性的技巧和解决方式，并同时提及其身心灵和经济层面上的原理，说道："灌木丛，甚至高至三四米的树木，轻易地能种在这里。这将让屋顶庭院成为家中最受欢迎的空间。基本上来说，能够作为庭院的屋顶，其面积也将与整个城市一样大。"

至今，人们依然可以对柯比意的热情感同身受。让平坦屋顶或屋顶庭院作为居家的延伸空间，作为一种遗失空间的再利用，作为增加密度的解决方法，甚至仅作为光线和空气获取的管道，都是充满魅力的概念。他也曾说过："在家里，人们总觉得到户外才能感觉到自由——特别是被云朵和景致围绕着的时候。"最好的例子就是，他设计的 Unite d'Habitation 公寓，一座位于西班牙马塞尔的大型建筑。这位伟大建筑师付诸行动，将这里平面的屋顶化作一个起居环境，从庭院、泳池到幼儿园皆齐全。自1947年完工以来，已成了屋顶建筑的典范，人们争相拜访的朝圣地。

《The New Modern House》一书作者Jonathan Bell和Ellie Stathaki就认为，现代建筑五元素在当初仍然是一种完美的功能主义，"结果，造就了'好建筑'的定义开始与这些房子的普及化形式有所偏离，比起现代主义中的抽象形式主义，更倾向于使用功能主义的理据。换句话说，简单地遵循人字形屋顶的美学，是缺乏想象力和对传统系统的承诺。只有颠覆这种旧形式——不管采取任何一种形态——才有可能创造出社会和技术进步的新建筑代表。"

但熟悉柯比意的建筑之后，亦知道魔鬼总是在细节里。他那一栋靠近巴黎的经典建筑 Villa Savoye（萨伏伊别墅），确实为这"五元素"的具体体现，2楼和3楼皆置入了屋顶庭院，与室内空间形成一幅自然景观。但不幸的是，在这家别墅竣工的6年后，其屋顶的漏水问题依然无法被改善。"我的卧室总是在下雨天淹水。"屋主萨伏伊在1937年写信给柯比意的时候提起他的惨况。讽刺的是，虽然柯比意按照了他原定的计划，满足了这"第五元素"，却大意地没有将屋顶进行防水的措施，导致萨伏伊家庭最终搬迁出他们的梦幻之家。同样的问题亦发生在美轮美奂的 Casa Malaparte（1938-42），这个拥有屋顶阶梯的建筑坐落在意大利能俯瞰整片海景的卡布里（Capri）岛上，虽然被世人仰慕，却因其设计的不妥善，而沦为一宗建筑史上的惨剧。

屋顶建筑的延续

柯比意在实行"五元素"时，总是有叫好不叫座的感慨。但幻想将自己的屋顶化成起居空间的梦，却在世界的另一端，以一种表现贫富之差的形态出现。当时人们皆称之为"空中阁楼"（penthouse）。

发源于美国20世纪二三十年代时期，这些坐落于纽约城市中心地带，装饰艺术（Art Deco）式的高层公寓楼顶的豪宅，开始以"第一居所"和"稀缺性（scurcity）的城市黄金地段"为卖点，出现在不少电影和小说的故事场景中，进而逐渐形成一种潮流，甚至成为高档和雅致的代表。与此同时，住在这里的房主也潜意识地认为自己与"地面"上的贫困有所区隔——有别于为自己建造更大的房子，或移居到城市的另一区去，在人口逐渐增长的纽约，搬到屋顶上去便成了最佳的选择。或许，这就是为什么阁楼式住宅在社会地位较平等的东欧国家起步比较迟的原因。

屋顶的延续，也不局限于富人之家。当空中阁楼成为欧美、日本、澳洲等地司空见惯的物业，这一概念却在非洲和南美洲等发展中国家，以贫民窟的方式涌现。而近在咫尺的例子也有——最明显的就在广州、香港等人口密集的大城市中。所谓的新界丁屋（又称新界小型屋宇政策）或旧式唐楼，在欠缺监管下，也一直出现非法天台屋或有多层复式单位，内置楼梯。这些都是属于非法扩建，并且往往不获政府鼓励，甚至成为"捉拿"的对象。这无一不抹黑了柯比意当初提出"屋顶庭院"的初衷。而其实，这样的问题如果当局能在政策上有所介入，屋顶的延续则有可能展现新机（这方面，将在尾章再细谈）。

不过，屋顶的潜力明显地在世界各地，不管贫富，都一再地被发掘与重新作诠释，个中缘由则非常明显。其一，就因为屋顶的密封技术变得越来越有效，让功能性亦随之进化得拥有更多的可塑性。而且，当都市化现象在世界各地不断激增的时候，幽静的郊区已经不再有吸引力，反而越是靠近工作地点的都市建筑房价，越有节节高升的迹象。这时问题便出现：人们该在都市的何处去寻找全新空间，以进行起居和现实的操作呢？答案，必然得"往上看"！

看来，柯比意的"五元素"只是生不逢时，如今得以再次被启动，即便是等了一个世纪，也终究大于一个人的生命。

屋顶建筑新意

住家之用

1-01

维也纳的新世纪
Penthouse Ray 1

作为主架构的三角墙与玻璃窗逐渐融合，人们站在公寓中间，就能览尽整个维也纳最唯美的城市景致。

地　　　　点	奥地利·维也纳
动　　　　工	2000年（设计），2001年11月（施工）
竣　　　　工	2002年11月（不含家私），2003年6月（含家私）
基 地 面 积	230平方米
建 筑 面 积	340平方米
建筑师／事务所	Delugan Meissl Associated Architects
计 划 团 队	Anke Goll, Christine Hax

公寓的外层以一种名为Alucobond的铝涂层薄面板制成。对于这个全玻璃的公寓而言，有效达到一定程度的私密性，并同一时间阻挡或转移他人目光。

公寓尾端的休闲区是一块平坦、宽广，且充满着抱枕的平台。其实，这仿佛更像是一种重新诠释的阳台。

维也纳是座古城。而建立起能融入该城的现代建筑，并非易事，更何况是采用20世纪60年代的屋顶作地基。

但城中的Wieden区域里，却有座阁楼式公寓，仿佛是一台外星人飞碟，降落后嵌入于传统的建筑中。它的存在与该城景观形成极致的反差，特别是那闪着银光，从阁楼背后悬臂式地伸出，并悬挂在建筑中庭上空的立面，更是挑起路人的好奇心。

以爱巢之名

这座公寓之名，取自于科幻小说中才会出现的"激光枪"（Raygun），仿佛就像是其创造者异于常人的设计概念般贴切。建筑师罗曼·德鲁根（Roman Delugan）以及Elke Meissel夫妇俩的设计，虽然乍看之下会很自然地将之归类为数位式解构主义（一如萨哈·哈帝［Zaha Hadid］的设计），但Ray 1却另外有着一种轻盈感。在这不寻常的环境里，让人感觉自然。"应该是因为它有一种詹姆斯·庞德的风味吧。"热爱好莱坞电影，有着黝黑皮肤，纤细身材的意大利籍建筑师Delugan说。

从该建筑物的主要楼梯上去，即到达那悬臂式的阁楼入

公寓后面的狭窄阳台，悬臂式地伸出，能欣赏到老城区中的 St. Stephen's 大教堂以及 Donau 城中的全新高楼大厦等，整个维也纳最唯美的城市景致都能尽收眼底。

口。而阁楼里的空间，也从这里开始以极致不传统的层次，塑造出个别的房间，并在一个让四周的屋顶景观忽近忽远的序列中，呈现出永动和眩晕的感觉。难怪两位建筑师在形容这项杰作时，总是以"速度"来谈论着空间，而非其形状或功能。

当然，提到这一项设计案的起源，或许得归功于夫妻俩的"爱巢"计划。这栋 20 世纪 60 年代建筑，本来就坐落在他们建筑事务所的对面，双双坐望着小型的 Platz am Mittersteig 三角式广场。正在寻找适当住宅的他们，于是有一天便直接走出办公室，到对面的这一栋仰慕已久的漂亮办公楼去，用尽所能地说服业主让他们租下屋顶。在同意对所有建筑计划所面临的危机进行负责后，他们最终才签下了 99 年的合约，并成功向极端严格的维也纳当局申请到许可证，进一步建立起充满野心的屋顶住宅计划。他们的秘诀是：以建筑的重新诠释，"跨越"不可逾越的政策障碍。

细节的巧思

其实 Ray 1 并非维也纳最早出现的屋顶建筑。但基于该城市容许屋顶扩建的建筑规范中，大多数的新建筑也仅以 45 度的倾斜立面作复折屋顶（Mansard）而完工。这对建筑师们而言，略显得一成不变，但采用自己的新设计方案的最大挑战，则是如何将概念化作老少咸宜的住家。因此，为了将他们自己的建筑哲学思想转换成为现实的建筑结构，并同时考虑到原有建筑的情况以及屋顶建筑开发的需求，他们最终选择采用纯钢结构。

逗趣地被建筑师称为自己的"烹饪座舱"的厨房，位于公寓的中央部位。白色长型料理台中也置有音响设备，还有多达18个控制灯光、窗帘、空调等居家功能的按钮。

侥幸的是，该座建筑原本就不是受保护的建筑遗产，因此两位建筑师才能建立起一栋2层楼、占地230平方米的公寓。在经过结构上的加强，这旧建筑最终有效承载大约52吨重的钢原料。这样一个同质钢架能均衡地将新建筑的重量分布于原有建筑的整个表面。钢架的外层，则以一种名为Alucobond的铝涂层薄面板制成。在室内，这些面板有遮罩的作用，对于这个全玻璃的公寓而言，有效达到一定程度的私密性，并同一时间阻挡或转移他人目光。

新建筑的主要负载由三角墙（gable）来支撑。而交错和倾斜的设计元素，在很大程度上不受这些支撑物的阻碍，有效实现了空间的流动感。像玻璃窗的逐渐融合，与倾斜的地板和天花，给人一种多重角度和没影点的印象。因此只要人们站在公寓中间，就能仰望到远处的雪山；而近看则能欣赏到老城区中的 St. Stephen's 大教堂以及 Donau 城中的全新高楼大厦等，整个维也纳最唯美的城市景致都能尽收眼底。

该建筑内的每一个细节，从门把手、开关机制到家具，都是出自建筑师的手中；也因为都是特别订制的，所以能随设计概念发挥空间连续性的作用。进入公寓后，人们则会被空间内的坡道引导入生活区，厨房则位于中央。后者还很逗趣地被建筑师称为自己的"烹饪座舱"。

而确实，这个在公寓中心、往下延伸的白色长型料理台，便是厨房柜台与外部立面作视觉连续性的部分。在公寓最尾端的休闲区，则是一块平坦且宽广、充满着抱枕的平台——其实，这仿佛更像是一种重新诠释的阳台。在让人有如悬挂在半空中晒着太阳的感觉之时，却不需要舍弃舒适的居家感，也难怪屋主与孩子们最爱这空间。

后现代订制

在不被外界看好的情况下，建筑师们不但成功完成了这个"爱巢"计划，该建筑还让他们名声大噪。但当这栋公寓被赋予"像名车 Maserati 式的时尚屋顶建筑"的荣誉时，不少人亦会对如此超然现代化的结构，感到冰冷与缺乏人情味。不过，这却没有阻碍建筑师们向他们的未来客户进行展示。

"Ray 1 可以说是一个展品，因为它是特别基于地理环境和我们的需求所做的特别订制。"Delugan 说，"当我们向客户展示该公寓的时候，都会称这是我们的高级订制服。"但不同的客户，将会需要不同的服饰，这就是建筑师所要表达的重点，亦是屋顶建筑引人入胜的起始概念。

启动旧城的空中建筑
Nautilus Sky Borne Buildings

整修破仓库，并在屋顶上置入轻型钢结构的阁楼，重新展现价值。这不仅节省了新城的建设，进而达到环保的长期效用。

地　　　点	荷兰·海牙
竣　　　工	2005年
建筑师／事务所	Archipelontwerpers
计 划 团 队	Eric Vreedenburgh, Coen Bouwmeester, Niel Groeneveld, Jaap Baselmans, Guido Zeck

"与其说是屋顶建筑，我比较喜欢称它们为'空中建筑'（Sky borne buildings）。"建筑师Eric Vreedenburgh之所以常常纠正他人说法，是因为他对于"空中建筑"的设计是极为热衷与熟悉的。他不但在荷兰国内进行过无数次同类型的计划，而且还在2005年出版过《Rooftop Architecture》（屋顶建筑）一书。因此说他是荷兰甚至是世界的"屋顶建筑先驱"，绝对不为过。（接下来将沿用"屋顶建筑"一词以确保一致性。）

这本书中不但提出了许多他个人的建筑理论——包括接下来会提到的"垫脚石策略"，而且还为许多屋顶建筑计划

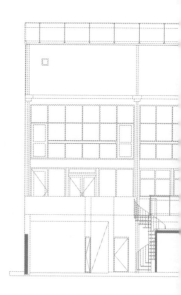

轻型钢结构中加入了实木百叶窗，与原有建筑的砖墙有着色彩上的配合，也让原本属于冷色系的结构有了一丝的暖意。

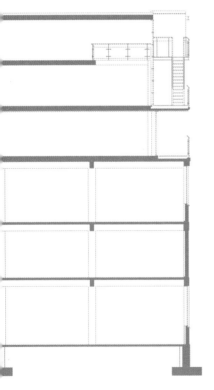

所面临的问题提出了解决方案。最重要的是，由他领军的建筑事务所Archipelontwerpers，借着荷兰政府对屋顶建筑的开放和鼓励，已经持续进行了更大型的设计案，如在海牙的Black Madonna（黑色玛利亚）和在鹿特丹Witte de Withstraat（市区里文化街）的设计案。

即便如此，位于荷兰Scheveningen（席凡宁根）渔港的屋顶建筑Nautilus，虽然只是Vreedenburgh的第二栋屋顶建筑计划，却成了兴起该国对屋顶建筑舆论的起点。因此其作为Vreedenburgh代表作和屋顶建筑设计的切入点，最为贴切。

Nautilus建筑绘图。可见右侧新建的三层楼住宅。

左）建筑计划的原有砖质仓库。
右）远看，新建筑与原有建筑的结合，很是和谐。

住宅式毕尔包

　　"Scheveningen本是一座位于荷兰海牙的渔港，但是随着时光流逝，渔业在这一带已经慢慢失去重心，工业也伴随着没落。结果古老的仓库就变成了累赘，如今更面临被拆迁的遭遇。与此同时，这里又需要大量地建造新建筑。所以通过整修破仓库，并在其屋顶上置入钢铁阁楼，将使之重新拥有价值，有效增添海港新活力。"Vreedenburgh解释道。

　　乍听之下，建筑师对于这渔港的重建似乎有点"毕尔包效应"的影子，但他最终决定走的路线，却让资源和空间有限的荷兰城镇节省了新城的建设，进而达到环保的长期效用。运用了1995年竣工的第一项建筑计划Harbour View（海景）作为参考点，Nautilus的设计仿佛像是屋顶上的强大钢制冷却设备，而建造工程依然是在原有砖质基础上建立起轻型钢结构——采取热轧型（hot-rolled）框架，并植入轻量级

建造工程采用轻型钢结构，在热轧型框架中并植入轻量级的面板填充物，让新建筑轻易地就建立起来。

的面板填充物便能完工。

　　但有别于Harbour View的独栋形态，Nautilus却需要有三座个别公寓，因此结构比前者复杂得多。例如隔音和出入口的设置，都需要重新的设计。当初，这阁楼式公寓被业主Rob van Hoogdalem预定作为住宅／办公室或工作坊使用。但这些要求却在建设过程中不断地被修改和扩大，以致每一层楼皆有单一的独立空间，像浴室和卧室的房间可通过滑动板进行隔开。而根据业主的要求，浴室也一定要能处于望向海面的位置（这非常合理，不然还真的浪费掉千金难买的无敌海景）。他们希望，一旦洗完澡后，则能够按照不同方式通过公寓空间。因此，比较关键的设计就是：这家阁楼式公寓的每一层楼皆拥有宽敞的阳台，以及借由两座楼梯所带来的双重路线。

　　但在技术上，Vreedenburgh却认为Nautilus的工程更为容易。因为摄取了早前的经验，即便屋顶建筑的设计方案在

面海的立面运用大量玻璃幕墙，除了可拥有宽广的海景外，也将采光功能最大化。

毫无任何规则的情况下，也能完成并达到一致性。这就是他所提出的"垫脚石策略"。

垫脚石策略

所谓的"垫脚石策略"（Stepping Stone Strategy），其实为 Vreedenburgh 自创的一种城市规划。根据的原则包括两方面——主题的制定／确定，以及主题的转型。而这一主题并不是个封闭的系统，像乐高玩具一样，往往在寻找变数（variant）的同时，必须考虑到所有外在的规则。对于屋顶建筑而言，规则上则有所相反。因为许多相同因素的介入，个别的建筑计划最终会产生同一主题，随之产生重复性。这

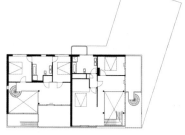

新建筑的三层平面图。

一主题因此可作为新变数的起点，所有变数也包括许多非主题性的元素、解决方案等等，主题也多得自这些变数而开始进化和演变。

简单来说，就是"大量订制"（mass customisation）——在工业生产线过程的逻辑内，生产独立式房子，或拥有个人风格的灵活性房屋。与此对照，在相同的屋顶建筑"主题"中，Scheveningen海港即变成了块最佳的"垫脚石"，不但能作为其他城市规划的借镜，也开启了荷兰屋顶建筑的潮流。Vreedenburgh还提起，在建造Nautilus的同时，已经有新客户委托他们在隔壁的旧建筑上，树立相同概念、但不同形态的屋顶建筑。这时，"垫脚石策略"就正好派上用场。

当然，"垫脚石策略"似乎与Archipelontwerpers建筑事务所的设计风格有

建筑二楼中还包括了一个露天的淋浴空间。

曾经没落的渔港，却在新建筑内成了千金难买的无敌海景。

所关联。因为Vreedenburgh本身并不遵循任何现有的设计风格，唯独一再提起的思考方式是来自于美国先锋派古典音乐作曲家约翰·凯吉（John Cage）。他说："我常用理性的（建筑）系统和随机（stochastic）设计的流程。建筑虽被建造，但并不以特定的方式。房子就像降落伞，不打开就不知道是否能操作。"

未来天空之城

未来，Vreedenburgh还想要以"垫脚石策略"来设计并打造一座"屋顶村庄"。这个计划将包括有75座公寓、1座屋顶公园、体育设施和儿童游乐场，活像是现代版的巴比伦空中花园，实行起来必定如旧时代一样，轰动全世界。不过设想归设想，"屋顶村庄"目前为止仍然只是建筑师的梦想。但回到现实，"Nautilus"的计划虽然没有非常宏伟，但却有小兵立大功的魄力。竣工后，连Archipelontwerpers也经不起诱惑，跟着业主一起搬进去了。

　　"他（业主）告诉我，这是他和他妻子展开全新生活的开始。"Vreedenburgh说。也许撇开屋顶建筑所有的复杂技术，它只纯粹是个"家"。能够让人安居，即已成功了。

是蓝精灵的村庄吗?

Didden Village

一个内藏乾坤的屋顶扩建：每间卧室各
自成单独的小房子、户外公园、露天
淋浴，好个丰富有趣的屋顶生活区。

地　　点	荷兰・鹿特丹
动　　工	2002年
竣　　工	2006年
设计师／事务所	MVRDV

虽然这村庄并不如Eric Vreedenburgh（Nautilus案的设计师）所想象的那样，但至少能因为它那——坐落在屋顶上、有点与世隔绝地孤立着、自在地享受着难能可贵的天际线、仿佛是田野中小木屋般惬意——的概念，而令人感到可喜。但凭着那难以被忽略的蓝色外观，却将此梦拉回现实。这其实不是什么村庄，而是荷兰建筑事务所MVRDV为屋主Didden一家设计的阁楼建筑。取名"村庄"，乃汲取了村庄的主意和精髓。

大多数人会想在屋顶上进行加盖，有两个原因：其一是需要

两个相连儿童房的设计，巧妙地以窗户作为孩子们的互动通道。

Didden Village 看起来像是为现有的旧建筑戴上了王冠。当今流行开发城市屋顶空间，以创造新的生活和工作空间，这个扩建专案便是一个例子。

更多的空间，其二是希望在城市的上方获取远离他人的生活和工作空间。而从前一篇的Nautilus计划，也应该可以了解到，荷兰政府对于屋顶建筑的正面推崇与鼓励，是屋顶建筑持续能在该国出现的原因。而这次的建筑设计，看似为全新的打造，其实乃内藏乾坤的屋顶扩建。

当住在建筑顶楼的屋主委托建筑师，要求说他们需要更多空间时，MVRDV首席设计师Winy Maas立即决定将他们仅仅12米×12米的屋顶拆掉，重新再造！"我们想要试图做一个扩建的原型，以向人们展示屋顶城市的生活方式。到目前为止，我们还是不被允许在这区域中进行建筑的。"他说。确实，值得提起的是，这建筑一直是受联合国教科文组织（UNESCO）保护的古迹（由此可知其规则是多么的严格），因此要怎么设计出一个在古城市中心、既可行又不犯法的建筑方案呢？

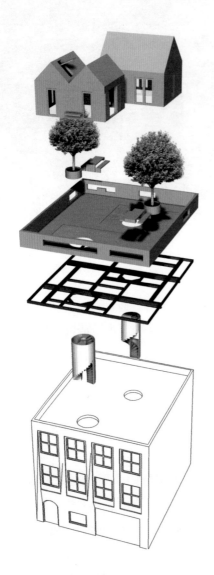

Didden Village 的概念图。

村庄的解构与重塑

首先，他们在这屋顶上建立起三栋的经典复折屋顶建筑，但规模却比传统住屋还小，浓缩成仅仅能容纳单人／双人房的卧室。将这些空间的外形重塑的原因，是为了让每个家庭成员都有属于自己的"房子"。如此就正好赋予其"小村庄"的感觉。"我们试图满足中产阶级的农村梦。"Maas 贴切地说。

这里的三间"房子"——一间主卧室，相邻两间儿童房——每间卧室都被分成单独的体块，以更好地保证每位家庭成员的隐私，但全都能通过一部螺旋楼梯进入阁楼式的客厅。而两间儿童房的楼梯互相缠绕，形成双螺旋形。在"房子"建好了后，"小村庄"的周围则以护墙围了起来，护墙上开了一些窗户，用以获得街道景观。因为建筑设置在一个很大的直线型屋顶上，所以有足够的空间形成一些小的户外空间，让屋主能在庭院内种上树，放上桌子和长凳，十足像个户外公园；甚至还可以安上露天淋浴，在夏天时节尽情享受私人的日光

制造工程中。室内所有家私先以塑胶覆盖好，然后再将楼梯和新建筑依次吊上屋顶进行安装。所有新建筑都是预制的组件。

屋

顶

记

进入房子要通过一个悬浮式螺旋楼梯，才到阁楼式的客厅。通往两个儿童房的两个楼梯相互盘绕在一起，形成一个双螺旋楼梯。房子内并非像人们想象的是蓝色的！反而以暖色系的实木为主。

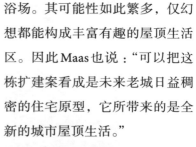

浴场。其可能性如此繁多，仅幻想都能构成丰富有趣的屋顶生活区。因此Maas也说："可以把这栋扩建案看成是未来老城日益稠密的住宅原型，它所带来的是全新的城市屋顶生活。"

仿佛像是为现有的旧建筑戴上了王冠，这一项扩建计划最吸睛的部分，莫过于那蓝色聚氨酯涂料粉刷。很好奇为何选择使用这蓝色呢？难道是在宣告"嘿，既然能够成功占领了这块不毛之地，何不大势宣扬一番"的心机？

开拓未来，展望世界

大众对于这计划所展现的热衷和高度兴趣，让Maas觉得颇为讶异。"这是我们公司最小、

房屋在宽敞水平楼顶的布局，构成了一部分室外空间（房子、广场、街道和巷弄），使其看起来像一个小村落。这个"村庄"被有窗户的栏杆围绕，人可以通过窗户观赏外界街道。

而且也是首先在自己家乡进行的设计，但有可能也是最重要的。"他认为荷兰或许只是一个开端，类似的计划还能被应用在其他国家环境内，不管是面对人口稠密的东京，或是家庭成员逐渐增多的马德里。

他解释说："这一种计划包含了一种现代性，因为家庭成员虽然住在不同的空间，却依然在同一屋檐下。这有点像日本那里，第一代家庭往往会与第二代的孩子生活在同一所房子里。这是现代与亚洲传统的联手出击成果。"

1-04

墨西哥的空中驿站
Ozuluama Residence

以耐用、不吸尘的可丽耐人造石板覆盖屋顶，借着折纸般的褶皱和角度来塑造空间，让城市也成了阁楼的一部分。

地　　　点	墨西哥·墨西哥城
动　　　工	2004年6月（设计），2007年10月（施工）
竣　　　工	2008年05月
基 地 面 积	150平方米
建 筑 面 积	120平方米
建筑师／事务所	Architects Collective
计 划 团 队	Kurt Sattler, Julio Amezcua, Francisco Pardo

借着折纸般的褶皱和角度来达到对空间的塑造，新建筑泛白柔软的表面，让人们视线轻滑而过，与公园的树丛和天际线融为一体，仿佛正浮动于墨西哥多元化的城市地形中。

50　100　200m

　　喜欢漂泊，但却不喜欢酒店陌生的氛围。因此，才会有Summer House的概念，在另一个城市拥有第二个家，让你随时能逃离城市的喧哗，借着转换环境来转换心境。对于Yoshua Okón来说，墨西哥就是他的选择。

第二个家园

　　位于墨西哥城核心的Condesa区，曾经是跑马场的区域。在20世纪20年代，为当地中产阶级的聚集地，也成为东欧和中欧移民，特别是犹太人的避难处。落地在此的他们，也为该区带来一种异国风情，其中位于绿树成荫的

Ozuluama街道路口上，受包浩斯影响的这栋建筑，被业主
Burakoff家族买下，开了一家面包店。

　　但好景不长，随着1985年的地震，大部分的墨西哥市
中心，包括Condesa区也受到了极大的损坏。许多家庭也为
了往市郊逃离，把旧建筑统统卖掉，这一区也逐渐成了低收
入人士的住宅区。而当年以黑麦面包闻名的Ozuluama面包
店，则转售到了一位老先生Lazaro Okón的手中。没错，他
就是Yoshua Okón的爸爸。

　　到了20世纪90年代，当时还是一位年轻艺术家的
Yoshua，就决定将这个粉红色外墙的面包店改造成为一个艺
廊，并命名为La Panadería（即"面包店"）。这个空间不但成

宽阔的客厅窗口，成了最佳的采光元素。

为国内和国际知名的艺术空间，而且也因为举办各方面的活动，如音乐会、讲座和电影放映等，让该区逐渐寻回生气。特别是咖啡厅、餐厅、玉米卷路边摊，更是如雨后春笋般冒起。

在La Panadería于2004年结束营业前，它还进行过一项艺术家居留计划，即是让来自墨西哥与国外的艺术家进行交换，而碰巧，曾经参与计划的就是Architects Collective建筑事务所的创办人之一Kurt Sattler。来自奥地利的他，与Yoshua成了好朋友，并常常在艺廊的屋顶上消磨时间。当时那屋顶只是一个简单（甚至还会漏水）的棚子，但任凭谁都没想到，这地基却在随后成为一项改变人生的屋顶建筑计划。

折纸术的巧思

时过境迁，Yoshua因为事业，最终定居在美国洛杉矶，而Sattler则回到了奥地利工作，但两人的命运似乎一直离不开Ozuluama的这栋建筑。10年前，当Yoshua开口委托Sattler为该屋顶进行设计的时候，他们又因此建筑再聚头，而蹦出的火花，则是灿烂无比的屋顶建筑。因为Yoshua一年之中只会在这里居

建筑平面图

仅150平方米的空间，除了有能俯瞰当地公园的露台，沿着一旁的楼梯走上顶楼，则有另一座观望台。

住六个月，他不在的时候，房子则让他朋友、游客和艺术家暂住，类似La Panadería时期的居留计划。

"他当时还真的要求了很多东西。"Sattler回忆说。"像是露台希望能看到当地公园，或者如果能有360度的全景更好。但这里也只有150平方米的空间！最初我们以为这是无法办到的。可是一旦我们开始进行折纸式的调整，却惊讶地发现，这样的设计还真的可行呢。"

对于Yoshua的要求，看来Sattler是一一做到了。借着折纸般的褶皱和角度来达到空间的塑造，他打造出来的屋顶建筑，让这个城市也成了阁楼的一部分。宽阔的客厅窗口外，是超大的露台，然后沿着一旁的楼梯走上顶楼的观望台，则

观望台像极了船首—若幻想围绕这建筑的绿叶是浩瀚的大海，站在这里遥望着天际线之际，自己就成为船长了。

像极船首——若幻想围绕这建筑的绿叶是浩瀚的大海，站在这里遥望着天际线之际，自己就成为船长了。而那珍珠灰色的表面，不正如起航时扬起的帆吗？

新建材特质

值得提起的是，这整个结构所覆盖的面料，是丙烯酸聚合物塑胶制成的可丽耐（Corian）人造石板块，同时也是该

原料第一次使用作为建材。"当初我们在寻找一种能强化'屋顶作为第五立面'这概念的材料，因为屋顶和墙面的设计皆扮演着相同的角色，所以，我们也决定使用相同的原料。"他解释道。"Corian是一种非常耐用，不吸尘，而且非常精确的原料。唯一的问题是，它未曾被用作为屋顶材料，所以我们不得不自行发明安装细节和方法。"

他表示，因为这成果最终在经过许多的尝试后，才创造出合适的尺寸、方向和流畅性。在施工期间最具挑战性的地方，就是要确保整个结构的边缘和接缝精准无误，好让室内空间看起来坚固。"特别是在Corian板块安装期，我们还真的需要每天都在现场监督。因为倾斜的表面很难构建，也很难以达到精准性。"他说。幸亏墨西哥对于屋顶建筑的限制并不严格，往往都可以再加盖多一层楼，因此Sattler也少了一项需要解决的政策问题。

考古式的设计

Ozuluama屋顶建筑泛白柔软的表面，让人们视线轻滑而过，与公园的树丛和天际线融为一体，仿佛正浮动于墨西哥多元化的城市地形中。这项设计，也不仅仅是一种建筑学，它还是一种考古学——当不同层面的历史和文化所带出的启示，与该城市、街道、建筑物和屋主相呼应的时候，它们则拥有更立体的形态，进而被启动。这充满张力的折叠形式，因此创造了一个看似短期的栖息地，却是常年热闹不已的第二个家。

初生之犊的攻"顶"之作
Chelsea Hotel Penthouse

在历史性建筑上打造新阁楼的方法：将钢梁横跨在砖墩之上，结构得以浮在原有屋顶庭院上，并有足够空间排放雨水。

地　　　点　美国·纽约
建筑师／事务所　B Space Architecture + Design LLC
计 划 团 队　Blake Goble, Bennett Fradkin

切尔西旅馆原有建筑。

Ignorance Is Bliss ——无知是福，大概能以此形容建筑师Blake Goble对于纽约最著名的酒店之一所进行扩建时的态度。

建成于1884年的切尔西饭店（Hotel Chelsea），当时就以其楼层高、有阁楼、有屋顶庭院而闻名。它当时是纽约最高的建筑物，直到1902年才有建筑物在高度上超过它。在1905年，这座建筑物正式被作为旅馆使用。它也是纽约市第一座被列为文化遗产而被保护的建筑物。

但比起它的历史性，让其成为传奇性建筑的原因，或许得归咎于这里最初接待的几位著名作家如：马克·吐温、纳博科夫、英国诗人狄兰·托马斯、美国剧作家

屋主一直都有在屋顶露台保有一块绿地，因此新建筑也在规模上进行调适，以允许最大的开放式户外空间。建筑内部空间因此都比较小，以保持这样的露台空间。

亚瑟·米勒，然后到了近代，歌手玛丹娜则在此进行过摄影，乔尼·米切尔在此写出了《切尔西的早晨》这首歌曲——美国前总统克林顿还因为非常喜爱这首歌，受它启发，并给女儿取名切尔西。

这一切一切，Blake Goble 在毫不知情的状况下，就接下了扩建的委托。所幸，"挽救"该扩建成为世人（特别是纽约客）众怒的元素，或许就是他所遵循的建筑美学概念吧。

屋顶建筑起源

"我们试图建立一个不影响任何现有建筑物个性的扩建计划。我们的目标是：希望这扩建，能在具有'强烈的个人

一层半的阁楼中，底层为起居室与书房，上层则是孩子的卧房，借着间条的玻璃，有效让日光从天窗引入。

形象'、'正式的现代派'和'材料的形式'上，既融合现有形式也融入著名屋顶实质性的活力。"Goble解释道。

当初，屋主Jonathan和Susan Berg在一个朋友的公寓中看过建筑师的作品，就被该空间的采光、线条的极简和灵敏度吸引住。随后，当他们的家庭发展到三个人次，并需要额外空间时，自然就想起了Goble。"其实他们原本打算在他们的公寓上增添一个小阁楼，因此委托我去调查，评估这想法的可行性。"他说。

屋主本来就住在建筑的顶层，而他所提到的这块筑地，本来就在他们私人的屋顶庭院内，只要通过楼梯便能到达。"可是他们的原创概念所涉及的，只希望以玻璃制成结构，将阁楼打造成一个像温室／阳光房的空间，明显无法将更多的住宅模式转移到此空间内。"

因此建筑师所面临的挑战则变得明朗：除了得将所有住家的功能性容纳于该空间（占地600平方米）内，还不能为原有的屋顶庭院带来侵略性；而且在达到最佳的景观和采光

施工时，最具挑战性的部分，或许就是物流运输上的处理。因此所有建材都尽量采用最轻、最小的组件来搬运，最终才在屋顶上进行衔接。

的同时，也需要顾及隐私，还有得与原有建筑和天际线有所融合。在种种因素的考量下，Goble最终才会认为，单纯以玻璃或随后进行粉刷的方式都不可行。

严峻的挑战

使用现有建筑物的屋顶作为跳板，新建筑参照了复折屋顶的形式，最终设计成一栋一层半的阁楼。底层将有效容纳起居室与书房，空间以大型滑动隔墙隔开。上层则是孩子的卧房，借着间条的玻璃，有效地让日光从天窗引入，这同时也提供了曼哈顿中城的景致。

建筑师与结构工程师Nat Oppenheimer一起合作，首先决定，将作为建筑基础的钢梁横跨地安置在现有的砖墩之上，结构因此得以浮在原有屋顶庭院上，并有足够空间进行

新建筑以木炭色钢板包裹起来，为求与原有建筑的黑色板岩屋瓦达到融合效果。

雨水排放。而在一百多年后的今日，原有建筑的红砖外墙虽健在，但经由岁月的洗礼，已经变得暗沉，加上其屋瓦乃由黑色板岩构成，因此只要将新建筑与木炭色钢板包裹起来，就能达到融合效果。

当然，最具挑战性的部分，或许就是物流运输上的处理。由于建材无法使用小电梯来搬运，因此预制原料也就不能使用。Goble指出，所有建材因此都需要规划好，尽量采用最轻、最小的组件，好让其能容入电梯内——甚至在某些情况中，得使用楼梯作搬运！"最困难的原料应该是结构性的钢梁，全都得分成小块来搬运，最终才在屋顶上进行衔接。"他说。也难怪，设计过程，包括获取地标委员会的批准历时约一年，施工过程大约也用了一年的时间。

可从楼下街道看见整个新建筑的侧面，同时成了一种公共设置。

无压力的精彩

想要在这个充满历史性的建筑上打造新的阁楼，不管在文化上、结构上和建筑的机械系统处理上，都是充满挑战的，更别说是心理上所承受的压力。然而Goble回忆起自己当时的心情，却是感到无比的自在。

"我当时还是一个年轻的建筑师，我的职业生涯才正要开始。我对切尔西饭店虽不熟悉，但是要通过这样的方式来扩建，还是有点恐惧的。但我轻狂的热衷却让我克服了任何的犹豫，我亦充分认识到，需要对这个设计案持有很高的期望，但也对该挑战感到兴奋。我有非常支持我的屋主、合作伙伴等人。他们对此设计的坚持，就算在设计、审批和建设过程中的许多困难时期，都一直没有放弃过。"他说。

他也记得，当构架完成后，整个建筑的雏形已经可从楼下街道看见。"我顿时感到欣喜若狂，惊觉它与屋顶的其他元素是如此的搭配适宜。"而如今这个阁楼已成为纽约市区中最令人敬佩的建筑物之一，同时亦成了一种公共设置。"每一次我从街上看到它，都会想起自己为城市天际线做出了小小但明显的贡献，而心花怒放、感觉飘然。"

该扩建计划的成功打造，或许最重要的结果是，让Goble对挑战的恐惧感有所减少。"我如今的工作态度就是，再艰巨的挑战都有解决的方案。"他说。

屋顶建筑的改造重生
Sky Court

顶部加建全新的帐篷式结构，形成露台。打通房屋的南面墙体，设计一个直通屋顶的庭院结构，好将光线引入室内。

地　　　点	日本·东京	
竣　　　工	2010年	
建筑师／事务所	芦沢启治建筑设计事务所（一级建筑士事务所 Keiji Ashizawa Design Co.）	

在日本，改造（或装修）是一个较为新兴的现象。一栋建筑的平均年数往往不到20年——东京市中心的房子更为短暂——坐落在好地段的房子若不想要成为空屋，大举投资改造再生，似乎是更明智的选择。

但改造归改造，若不为旧居产生"好空间"，则有前功尽废的局面。其实每一个改造项目的成功，都离不开屋主和建筑师对原有空间设计的良好特质有所共识。而这次的设计案，多得力于屋主曾在

新建筑的草图

旧房子中居住过一个月，才能将他们的亲身体验提出，并有效融入设计过程中。

探寻问题症结

"我们想要将这一栋日本旧房子改造成一个能接触到城市和阳光的现代家居环境。房子本来位于一个宁静的住宅区，离东京商业区仅几个街区远。但房子内仅有两层的居室，其中几间卧室都相当狭促，窗户也窄小，毫无内外流通感可言。"屋主说。

屋主的太太也是职业妇女，上班时间夫妇俩都会不在家，因此原本的建筑其实还挺实用的。但是有了两个孩子

| B1F | 1F | 2F | 3F | RF |

改造后的建筑平面图

后，他们希望将居住空间最大化，创造一个带有私密性的后院，以及创建一个光线充足的建筑结构。此外，由于原来的房子属于排屋的一部分，屋主希望将建筑立面重新修饰，好能与隔壁那栋的房子有所区别。这样的要求，在建筑师的观点内，需要更大胆的改造法。

于是他们找上了芦沢启治（Keiji Ashizawa）。曾经在Super Robot（启治设立的设计工作室）时期，对纯钢有了更深一层的认识与应用，正好能在这设计案中派上用场。特别是当屋主提到要全新的屋顶空间的时候，启治也认为，纯钢乃最佳的轻级建材。而且在制造上也能尽量简化，带出现代感。

屋顶空间再造

"据我理解，因为屋顶能看见极致优美的景色，所以

房子的背面空间，全数以大型玻璃帷幕墙构成。

新的顶层（之前为空调的置放处）也是被回收利用的旧空间之一，因此，倾斜屋顶就可以直接从现有的直墙并列覆盖完成。

屋主需要这里有更多的空间。"启治说。所以为了在建筑规则的限制中达至屋主的要求，建筑师所需要的是几项关键改变：在建筑的顶部加建一个全新的帐篷式结构，以形成了一个带有露台的第三层空间。同时，透过打通房屋的南面墙体，以及设计一个直通屋顶的庭院结构，有效将充足的光线引入室内。

这样一来，整栋建筑有了极致不寻常的体积。透过屋顶的打通，让房子的中央拥有了如心形的空间，直通到天空去。新的顶层（之前为空调的置放处）也是不需要被回收利

整栋建筑有了极致不寻常的体积。透过屋顶的打通，让房子的中央拥有了如心形的空间，直通到天空去，采光功能大为增加。

用的旧空间之一，因此，倾斜屋顶就可以直接从现有的直墙并列覆盖完成。

　　这屋顶空间的其中一个特点是内外空间的融合。设置在2楼的内部庭院不但有效分隔了厨房和客厅，同时还确保了2楼空间与屋顶露台在视觉上的连接。同样的，3楼的休闲区则与户外露台衔接着，并让视线刚好能观赏到东京夜空中摩天大楼的熠熠星光。因此取名为 Sky Court（空中庭院）。

房子的正面，仅看见屋顶的一角，却被那拥有阳伞的户外露台吸引住目光。

化困难为动力

但建筑师坦言，要在屋顶上新建额外空间，在日本是需要有胆识的。不但工程难以得到当局的认证，此外，他们得重新对空间进行计算和策划，并与结构工程师合作。

他说，因为日本建筑当局往往不愿批准房屋结构上的任何变更（部分原因为当地的地震标准），建筑师因此需要通过多方协商和对房屋结构的全面分析，才能确认任何的可行度。"本来屋顶再造后依然还是屋顶（的形式），但是如今这栋建筑的屋顶，也将同时有了体积，这将意味着，它将会被视作新的一层楼。"启治说。

他认为，遵循新的建筑规则来为此屋顶空间进行申请，还是小事；比较累人的，反而是因为当局也没有太多此类案例的经验，所以意味着，协商过程往往都需要费尽唇舌。这一点，或许对于还年轻的他而言，依然是计划的问题之一。"但在当初得知新的屋顶方案，我就知道这将成为大案例。"

而他所指的"大案例"，在日本人的眼中确实是野心勃勃的——这项计划已经从仅仅是改造装修工程，跨越成了需要很长时间进行思考和制造的建筑工程。"但是，我也对此工程感到兴奋，因为这将代表有许多的可能性会在东京发生，这意味着它将能成为极佳的原型。"

像东京这样一个寸土寸金的城市，人们或许需要接受一个更为垂直的生活方式，将楼层扩展至3～4层。在面对建筑设计的挑战时，建筑师也需要发展出全新的方式来利用这些垂直空间。"当你需要在现有的基础上，为改造计划加入限制，双方都必定要有绝佳的创意。特别像这案子，这一挑战却反而激起了每一个人对此案例的热情与合作的能量。"他说。

在改造竣工以后，启治和公司团队也有机会回到这里进行数次的探访。而他们感到惊讶的是，这些改造已经变得越来越接近屋主的生活方式，甚至还超越了预期的想象。"在达到屋主的需求之余，这已经成了一栋与城市有所连接、却保持一定的距离的家，这就是Sky Court的定义！"启治自豪地说。

最靠近阳光的地方
House in Egota

以"减法式的住宅规划",达到"屋顶上的阳光房兼浴室"。
以玻璃、环保木材和金属架为主要材质,强调自然气息和
采光。

地	点	日本·东京
建筑师／事务所		Suppose Design Office

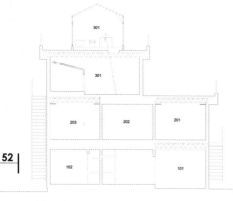

建筑改造后侧面图

在屋顶上建座阳光房,并不是建筑师谷尻诚(Makoto Tanijiri)的概念。但他愿意负上责任的是,将这原有的阳光房改造成为开放式浴室的设计。开放式的浴室耶! 即便在拥有最前卫住宅建筑的日本,这似乎还是个颇大胆的规划,更别说是挑战了屋主的私密性(虽然说,只要屋主能接受即可)。

或许这成果有赖于谷尻诚本是个典型的非学院派室内设计师。他并非出自名校,唯一被提及的学历就是他1994年从日本穴吹设计学院(Anabuki Design College)毕业,而且传闻只念了两年。毕业之后在Motokane建筑事务所工作5年,随后效力于HAL建筑事务所,紧接着在26岁的时候就创立了自己的设计事务所Suppose Design Office。

回到这"屋顶上的阳光房兼浴室"的概念,其实从建筑学的观点来看,并非是毫无根据的设计。

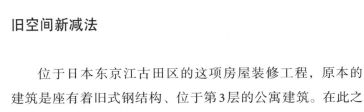

在屋顶上建座阳光房，并不是建筑师谷尻诚的概念。但他愿意负上责任的是，将这原有的阳光房改造成为开放式浴室的设计。

旧空间新减法

　　位于日本东京江古田区的这项房屋装修工程，原本的建筑是座有着旧式钢结构、位于第3层的公寓建筑。在此之前，1、2层楼的空间都出租，而第3楼则是屋主的私人空间。

　　"屋主说他在电视上看到我们的作品，才会跟我们联络。他想要的是一栋比较特别的住宅，而且还想要将装修工程减至最低，也不要任何额外的建造。"建筑师说。因此，"减法式的住宅规划"即被派上用场。

　　"由于这住宅已逐渐变旧，而且建筑的质量本来就不

除了一座户外楼梯，屋顶的阳光房也可以从室内的楼梯抵达。
（不过，说真的，还挺危险的！）

高，因此我就建议，在保留房屋原有的基础上，把内部空间打造得更具吸引力。"他说。如果是因为住房面积小，为拓展生活空间而建造的阳光房，本来是不错的选择。但谷尻诚则希望，每次都能在装修工程中寻找新事物。不仅仅是在绘图上，连拆建过程、新兴建筑结构都会仔细查看，并对旧和新的质感作想象，以思考如何去应用它们。"这是在日本文化中经常出现的设计手法。这个案例也是从这样的诊断过程中发展出来的。"他解释道。

采用了"减法式的住宅规划"，这里所有房间的装修皆拥有一个共同点，就是：在未改变房屋大部分格局的情况下，移除某些结构而非增加。这是与一般装修不一样的，更需要精细的思考。人称"编辑、编辑、编辑"，正是这规划的关键词。"在这样的设计手法中，最难决定的是要去掉哪个元素，以使该空间显得有趣。"装修后的房屋除了需要保留其过去几十载的回忆外，也得展示不同的新面貌。

浴室，不是问题

　　建筑师首先让每层楼都设有各自的出入口，进而打造出每一个楼层都不一样的格局：1楼的地板全部拆除，以减少连续基础所带来的湿气；2楼的所有天花也被移除，并换上更为有效的隔音设施；3楼空间则额外增添了保温和防水的外墙；最后，因为其他楼层现今都已拥有相当宽阔的起居空间，屋顶的阳光房自然就能考虑被改造为一间大型浴室。

　　不过，回想起来，他也觉得要将这屋顶阳光房改造成浴室的决定，并不怎么样困扰人。"由于周边地区没有高层建筑，所以私密性本来就不是大问题。至于隔热通风，其实只要将门口打开，就有可能达到通风作用。如果阳光过晒，则可放置一个高大的植物来创造遮阳性。地板本身也拥有气密性，可防止冬季寒冷空气的进入。"加上以玻璃、环保木材和金属架为主要材质，建筑师也极力强调对自然气息和光线

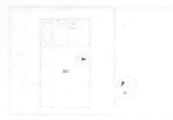

建筑改造后的平面图

的使用，让阳光房的功能最大化。

　　那真的一点挑战性都没有吗？"我还真的不记得了。"他笑说："因为，当工程开始后，一切就变得非常紧凑。而当整个计划完成了以后，当它变成一栋有趣的住宅后，我也就忘了最困难的事。"他自认，每一次完成设计案，都是会有这样"解脱"的感觉。"有时候，像施工图往往是我们用来与建筑工人分享设计最终形象的方式，但问题出现也就得在现场做决定。我们总是试图在当时状况中，尽量提出最好的方案。"

屋顶建筑v.s.环保

　　阳光房本来在环保主义中就不获好评，因为若建材使用不恰当的时候，隔热保温将成问题，进而会因为采用额外空调系统，产生能源上的消耗。

采用了"减法式的住宅规划"，房间的装修皆在未改变房屋大部分格局的情况下，移除某些结构而非增加。浴室楼下的空间里，仅创造了一个木质小空间，作为较私密活动的用途。

建筑师觉得，要将这屋顶阳光房改造成浴室的决定，并不怎么样困扰人，因为周边地区没有高层建筑，所以私密性本来就不是大问题。

但建筑师反而认为，他的阳光房却在设计上能同时解决环保和屋顶建筑这两项问题。"这确实是一项极致特别的住宅。"他说，"我认为，其实最好的环保设计，是一种能带来更多益处的城市规划——像在空间中，建造小型公园或池塘，以便创造更通风的建筑景观，而非只是仅仅将绿意栽种于花盆，摆放在建筑中。"

他承认，如果日本能够有更多这样的屋顶建筑，每一栋新打造的建筑就像是在制造一座景观。"若置放了绿意，而没有推动更进一步的环境影响，那么它就变成一种无用的东西。"

以装修来改变世界的方式，虽然仍一步一脚印地缓慢进行，但是在日本踏实地逐渐获得更多现代社会的需求。而建筑师能够打造出新旧特征交织的空间所展现的自然气息，就如同复古牛仔裤搭配新衬衫般，创造出一个融合两种风格的舒适空间，让屋顶建筑与环保主义拥有双赢的局面。

屋顶成私人公园
Maximum Garden House

Chapter I

1-08

住家之用

建筑立面的植被仿佛天然幕墙，能用来挡雨。斜面屋顶构造像起伏的山峦，最适合人们坐着或躺下来，聊聊天并共用同一片风景。

地　　　点	新加坡
竣　　　工	2010年
建 筑 面 积	350平方米
建筑师／事务所	Formwerkz Architects
设 计 团 队	Alan Tay, TF Wong, Benny Feng

斜面屋顶构造很容易让人想起起伏的山峦景致。建筑师们在设想那倾斜的一面，最适合人们一同坐着或躺下来，聊聊天并同时共用同一片风景，就像是在公园里。

58

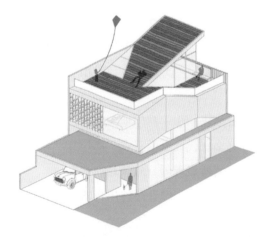

建筑概念图

来自新加坡的Formwerkz建筑事务所，对于屋顶的建设，特别是将之绿化，早就成了他们的建筑风格之一。从Alleyway House的精致小庭院，或是The Apartment House的人造屋顶草坪，无一不为新加坡住宅设计带来新意。而来到了这一次的设计案，如其名，更是将屋顶和绿化的主意最大化，整个房子乍看之下，仿佛是被垂直庭院大师布朗克（Patrick Blanc）附身般，建筑师丝毫没有放过住宅的任何一个表面，将庭院无限扩展。

巧妙的绿化过程

"我觉得新加坡是需要更多屋顶建筑的。"建筑事务所创办人之一 Alan Tay 说，"一个规划良好的屋顶空间，可以为低层与高密度的住宅区产生更多的户外空间。"这也是在设计 Maximum Garden House 时所提出的首要问题：当这些住宅本来就拥有非常小的室外空间时，如何让一座半独立式住宅能拥有更大的庭院？

"建商对于这样的住宅，往往仅在一栋住宅建好以后，多留出一小块土地作为栽种的园地而已。"Alan 解释道。明显的，在他的眼中这是不够的。"因此，这栋住宅的设计所寻求的是：如何让住宅拥有更多绿意，来修整现代传统住宅

这建立在房子左边的侧墙，是符合地方规定的，属半独立房子所被允许的做法，可延长超越屋顶的露台。

的不平衡之处，让住宅设计更加满足屋主的需求。"

　　首先建筑师从人们比较容易忽略的建筑立面着手进行绿化。这包括了将垂直墙壁植物种植在墙壁前面的壁龛中，以及将灌木种植在汽车门廊顶上。然后在第2层楼的封闭式建筑立面处，则安置上一层种植系统，仿佛是一种天然的幕墙。其目的能作为挡雨荧幕之用，也能达到隐私效果。

　　"对于这墙壁上的细节设计，我们自己也感到非常兴奋。"Alan说，"它看起来就像是个有机体。植物制的幕墙也表达出人类自古以来对自然的喜爱。"

　　但在这绿意盎然的外观中，斜面屋顶的设置却自然让人反问：为何不一并给绿化？就算采取同样的形式也并非不可能，不是吗？

建筑师从人们比较容易忽略的建筑立面着手进行绿化。这包括了将垂直墙壁植物种植在汽车门廊顶上，以及第2层楼的封闭式建筑立面处。

斜面屋顶不难成为一家大小的新乐园。四周有了栏杆，孩子们的安全也被照料到。虽然建筑师们承认，这坡度可能对老人家具有些许的挑战性。

爬上屋顶的怀念

　　"其实，我们对于能爬上屋顶的概念非常怀念。"Alan解释说，"斜面屋顶构造很容易让人想起起伏的山峦景致。我们设想那倾斜的一面最适合人们一同坐着或躺下来，聊聊天并同时共用同一片风景，就像是在公园里。"

　　所以在为房子加入这个全新的结构时，就决定要一个木材制成的甲板，只要采用水泥制成的基础，就完全不会有负荷问题。而其设计的向度，出自交错复杂的建筑体中，却依然保持与室内的连续性，乃遵循了奥地利建筑师阿道夫·鲁斯（Adolf Loos）的"Raumplan"（空间体量设计）设计模式所达到的效果。

斜面屋顶天台的设计，出自交错复杂的建筑体中，却依然保持与室内的连续性。

1930年时，鲁斯曾如此定义"Raumplan"：把空间看作一个自由的、并且在不同的高度上来进行空间的布局，而非局限于某一个单独的楼层。这种方法把相互间有所联系的房间组织成一个和谐而不可分割的整体，因此也是对于空间最为经济的利用，根据房间的不同用途及其重要性，它们不仅大小长短不同，而且高度也有变化。

建筑师Alan也解释道，这房子的不同部分是有连续性空间的。不同楼层的融合，让空间之间有了相互关系。屋顶露台的斜坡，与房子内交错的部分相呼应，让房子的流线从室内持续到室外空间。

屋主对于此设计，从一开始就给予很大的支持。"他们也几乎参与了整个设计的过程。"Alan称。这栋住宅的屋主是一个拥有两个小孩的母亲，她希望在住宅中能同时看到两个小孩的行动，即使这两个小孩不在同一个地方。因此鲁斯的"空间体量设计"理念，恰巧迎合这样的生活方式。

虽然该屋顶的建设并没有如日本Tezuka建筑事务所的Roof House多元化（他们的屋顶还可以放置餐桌用餐），但与Mount Fuji建筑事务所打造的Secondary Landscape（参见第160页）有异曲同工之妙，并证明："单纯地"将屋顶打造成为室外空间，已经是件跨国的巧思了。

成长之家，等待茂盛之美
Growing House

使用强力的和廉价的安全围栏材料，用双层氩气镶嵌法的玻璃墙可隔热保温。还有太阳能发电、雨水收集、屋顶绿化、超绝缘体和冷凝式锅炉的安置。

地　　　　点	英国·伦敦
动　　　　工	2001年4月（设计），2005年8月（施工）
竣　　　　工	2006年8月
建 筑 面 积	260平方米
建筑师／事务所	Tonkin Liu with Richard Rogers

乍看之下，这栋屋顶建筑是有点突兀。坐落在伦敦Shoreditch区的一座仓库之上，其白白的现代色泽，独立于毗邻建筑群中，很有一种鹤立鸡群的视觉感；再加上仅仅以玻璃作立面，或许让人感觉隐私全无。

但这只是暂时性的。了解到"成长"将成为这栋屋顶建筑的主旨后，等待其茂盛的成熟期，则会是一场绿意盎然的惊喜。

建筑侧面图

新建筑刚建成之时，独立于毗邻建筑群中，有点突兀。但它只是暂时性地，待达到茂盛的成熟期，则会是一场绿意盎然的惊喜。

宜居的不放弃

伦敦这个大都会，说实在的，早就没有独栋住宅的建筑"余地"。除了目前积极的高楼建设外，或许，剩下有利用价值的就只有屋顶。而且伦敦的许多旧仓库，在结构上都曾经应付过大型的负载：从重型机械到大量工人和货物等，因此要将之扩建个1或2层楼是绝对可行的。这样一来，也能为伦敦解决人口日益增长的问题。

由 Anna Liu 和 Mike Tonkin 组成的 Tonkin Liu 建筑事务所负责打造的 Growing House，或许就开创了伦敦屋顶建筑的先例。屋主一家六口，为了持续居留在这城市的心脏地带，便决定要在屋顶上打造完美住宅。他们希望能打造一座拥有6间卧室的家庭住宅，在将其空间潜力最大化之际，也需要有户外空间。与此同时，屋主也希望这栋建筑能为这个社区带来一点绿意，认为说只要将城市给绿化，就能打造一个

为了达到最佳的采光和View，建筑的立面全是玻璃墙，好让另外的南面和西面室内空间不会处于昏暗的氛围里。

理想的宜居之地，而一旦成了宜居之地，这个城市则会不断"成长"——那是2001年的事了。

而他们选择的这块筑地，却让建筑师尝到了为期5年、过关斩将的城市申请。"因为这一城市的基地，总共涉及五个不同部门。"建筑师之一Anna Liu说。她指出，从现有建筑顶楼公寓的业主、上空权（air rights）的所有权者、毗邻建筑物对于共用升降机及入口通道的所有权者乃至新建筑的连接桥梁灯光权（需要得到毗邻建筑物的两位公寓业主批准），都一一展现了屋顶建筑往往所面临的难题。

虽然每栋屋顶建筑都是个案，问题也雷同，但却会涉及各异的状况。难怪问及Anna最难忘的一刻时，她会说："应该是经过多年的'纸上谈兵'，终于看到钢结构在7天内被立起的时候吧。"

超轻盈的重心

原有砖制仓库的结构因战后遭到破坏而曾经重建过，但其中央柱子则已经无法负荷额外重量，所以新建筑的重量则需要被转移到围墙上——截至目前，还算是寻常的屋顶建

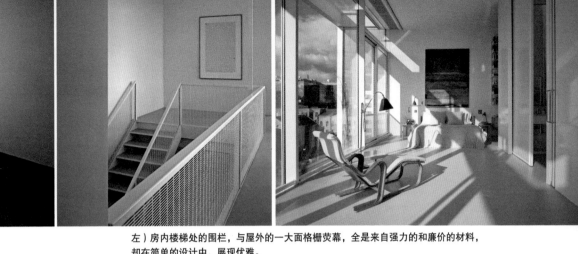

左）房内楼梯处的围栏，与屋外的一大面格栅荧幕，全是来自强力的和廉价的材料，却在简单的设计中，展现优雅。

右）新建筑上层主要的生活空间呈宽敞的L型，将主卧、起居室、厨房连接了起来。唯一达到绝佳私密性的是浴室，以巨大的推拉门进行开关。

筑格式——因此，建筑师需要在屋顶安置圈梁，好让一个钢架能耸立起来，形成更高的转移结构，以"悬挂"起新的建筑，从而创造一个大型开放式空间。

接着，住宅的向度则成了考量的元素。北面和东面，皆被其他建筑的山墙阻挡着，因此为了达到最佳的采光和View，建筑的立面则全以玻璃墙来完工，好让另外的南面和西面的室内空间不会处于昏暗的氛围里。

这2层楼的新建筑，将需要通过毗邻建筑物的桥梁而进入，接着沿着玻璃墙外的走廊兼阳台进入室内。下面楼层分为5间卧室和1个设有下沉式谈话区的游乐空间；上层主要的生活空间，则呈宽敞的L型，将主卧室、起居室、厨房连接了起来。唯一达到绝佳私密性的是浴室，以巨大的推拉门当作出入开关。

季节变更的美妙

Tonkin Liu建筑事务所的一贯设计，都热爱采用日常生

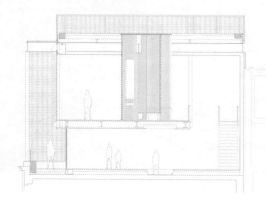

活中随手可得的材料，尽情去改造，塑造非凡的概念之作。在面对Growing House的筑地时，即便有着预算的限制，他们却将大部分额度花在创新的结构和环境的组成部分上。为了解决北面和东面建筑美学上的差异性，建筑师特别打造的一大面格栅荧幕，全是来自强力的和廉价的安全围栏材料。

至于为何采用了白色作为主色，则随着岁月的推移而在意义上变得其次。因为这网格将会逐渐成为建筑外围植物的攀墙之处——从紫藤、茉莉到铁线莲，它们除了有遮阳、隐私的作用，还有散发芬芳的特性。而且建筑师还为此打造了屋顶建筑鲜为人见的"呼吸室"。

在所有的立面都以玻璃墙作主概念后，隔热和通风一事肯定得解决。其实南面和西面的玻璃墙采用了双层氩气（argon）的镶嵌法，有效达到隔热保温作用。而地板和天花板的格栅将有效进行通风作用。

屋外的网格将会逐渐成为建筑外围植物的攀墙之处——从紫藤、茉莉到铁线莲，它们除了有遮阳、隐私的作用，还有散发芬芳的特性。

新建筑侧面依然可见原有的砖制仓库的结构。后方则是通过毗邻建筑物进入新建筑时，所需要另外架起的额外桥梁。

因此在夏季，冷空气将通过地板格栅上升，并让花香充满房间；热空气则通过天花板上升，并从立面的自动化缝隙推出。外部的格栅和植物墙本来就提供遮阳作用；到了冬天，周边的空调将以对流方式温暖室内空间。除此之外，该建筑中也拥有其他环保的特性，包括太阳能发电、雨水收集、屋顶绿化、超绝缘体和冷凝式锅炉的安置。

造福天际线

花了5年时间来完成这个建案，不晓得Tonkin Liu俩人是否觉得值得？"绝对值得期待，而且我看我们还开创了一个先例。所以希望其他屋主和建筑师，在看过这样一个案例，因为曾排除万难地完成，或许会更有勇气进行未来的屋顶建案。"

确实，他们任劳任怨的成果，却是造福了伦敦市。天际线因Growing House的立起，有了绿色的"灯塔"；但更重要的是，Anna称，屋顶建筑将成为一种有趣的公共和私人的空间建设类型：它同时可以被隐藏起来，或拥有高度的视觉性。"一个城市的天际线，应该如其丰富和善于交际的街道，它应该充满热爱享受光线与天空视野的人。"Growing House确实跨出了最好的第一步。

1-10

生命所能承受的重
Hemeroscopium House

建材使用大型预制的梁架，7天快速组装完成，再以一块20吨的花岗岩"封顶"。悬臂在半空中的，是以U型混凝土梁架构成的单道泳池。

地　　　点	西班牙·马德里
建 筑 面 积	400平方米
动　　　工	2005年12月
竣　　　工	2008年6月
建筑师／事务所	Ensamble Studio

"我称之为'飞天泳池'。"仅8岁的Antón所指的，就是他家中2楼，悬臂在半空中，长21米的单道泳池。此处成为他的最爱空间的原因，其实不难理解。任谁都想要在居家空间里自由畅泳，拥有私密的自在感，更别说泳池尽头处，还能眺望马德里Las Rozas郊区的美景。如果这不是每个人都梦寐以求的，那才真的疯狂呢。

虽然，说实在，将屋顶当作泳池的设计不少，但能够如这栋建筑如此地极端，肯定是独一无二。但这泳池怎么看，都仿佛有点熟悉的感觉，缘由是，其建材乃来自于公共建设中常见的U型混凝土梁架……打着主意是：其实整个建筑的设计都是如此！

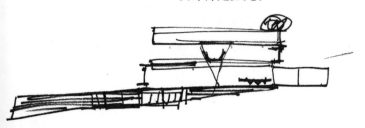

若环绕建筑视察则会发现，其实建筑师只仅仅用了7块组件——将混凝土梁一个接一个，螺旋式

悬臂在半空中，长21米的单道"飞天泳池"，其实建材为高1.1米、约21米长，重达38和40吨之间的U型梁。

地层叠上升，进而将结构给完成。加上35块玻璃墙的封闭，这名副其实地与一般现代式住宅没两样。究竟是谁有何能耐，将这些以吨计算重量的组件，进行如此大胆的建设呢？

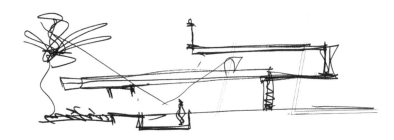

怪博士现形

来自西班牙马德里Ensamble建筑事务所的掌门人Antón García Abril，还真的认为自己是个"Madman"（疯子）。对于自己奇想设计的可行度，总有打破砂锅问到底的精神，

使用大型预制的梁架构成，在建筑过程中，确实变成如乐高般的块状结合体。而实际上，这两层住宅在短短的7天就组装完成！

1楼也以开放式风格为主，呈现出一个大的庭院和游泳池。

仿佛是建筑业中的"怪博士"。但若从他的早前作品，其实就能看出，他最拿手的本来就是石材的应用。不管是位于Santiago de Campostela的作者和编辑协会（SGAE）中央办公室，还是该地的音乐研究中心，大部分的建筑都看似沉重，看似坚不可摧，甚至有时候粗糙不已，却往往有让人耳目一新的原创性。

　　而到了为自己设计新居的时候，虽然遵循了自己的风格，却在某些程度上采取了变化。与同样为建筑师的妻子Débora Mesa联合打造，"在造这所房子时，"García说，"我们同时是建筑师、屋主，也是承办商，所以我们真的为此次行为承担全面的责任。"除了简单地为自己造一个家，他也决定利用这个机会来测试一些建筑事务所的研究。

　　"房子当然是我的家，但它也成为我的实验室——即使它发展自我们办公室的研究，我们都生活和经历于这个结构内。这样一来，我们也将会得到第一手的资料。有别于一般的计划，我们往往只会得到建筑物的表现报告而已。"

　　因此他们玩味地决定在建材上使用大型预制

围绕着 Hemeroscopium House 的是马德里 Las Rozas 郊区的美景。

（prefabricate）的梁架，而且还将它们视为乐高般的块状结合体。他认为这些混凝土组件都是价钱合适，拥有"高效结构性"，并且可快速组装的。而确实，他所谓的"快"，实际上，这两层住宅在短短的7天就组装完成！

快速建造秘诀

然而，最具挑战性的部分，García 也透露，或许就是确保这些大型的预制组件可以充分地平衡着，这个艰苦的过程中，涉及多项小型试验。因此单单是设计，就花上了至少两年的时间，颇有"养军千日，用在一时"的意境。施工期间，建筑团队只使用了起重机，将这些超大件建材全部组装到位后，便以一块20吨的花岗岩"封顶"。这个关键元素，是让整个建筑产生重力平衡的所在。直白地矗立着，亦很讽刺地被建筑师称为高潮之点——"G point"。

从 Hemeroscopium House 的组装方式和强压性质，不得不让人联想起另一位大师库哈斯（Rem Koolhaas）的波尔多别墅（Villa in Bordeaux）设计。那栋建筑中，有着一个巨大的悬臂式混凝土盒子，耸立在四面玻璃墙之上，显然仅仅以一个1米多高的钢制I型梁放置在混凝土箱之上，并以钢电缆联系到地基上。这两座结构中，若不能轻易地察觉到重力的分布方式的话，想要试图理性地了解这些结构的耐心，则会很快地失去。不过两种结构看起来却完全理性地以线性元素完成。

有人称，这建筑没有任何逻辑，但García反而说："将重量改造得轻盈，是一次有趣的建筑学锻炼……这些混凝土组件定义了空间，却没有将之封闭，进而催生其独特性。"最特别的是，这设计有效地将建筑规模拉长。而在他心目中，这些巨大的建材早已成了画笔，被用来"描绘"建筑。

"怪博士之家"，仅仅用了7块组件，将混凝土梁一个接一个、螺旋式地层叠上升，进而完成结构。

夕阳无限好

　　Hemeroscopium House之名，来自于希腊语文中，意指夕阳西下的地方，暗指存在于我们头脑、在我们的感官里，它不断变化、但仍然是真实存在的地方。就像借由地平线作为引用的分隔点，借由光的定义而拥有物理的限制，随岁月延展。

　　该建筑设计不但有效将居家给套牢，也将远处的地平线给锁进视野内，让每间客房都有自己的View。因为平面图采取了开放模式，因此每个空间的功能皆充满弹性，可灵活调整。1楼的L形空间里共有两个生活区，一边是厨房、洗衣房，另一边则是储藏室，2楼则有主卧室以及孩子的睡房。

　　而且，因为大部分的墙壁是玻璃，所以有充足的自然采光。夫妇俩决定不安装任何的悬挂式装置，因此这里仅有落

以35块玻璃墙封闭，让每间客房都有自己的View。但是女主人就称："我们节省的电费，都用来付给窗户清洁工人了！"

地灯，但那也只有少数。Débora还曾笑说："我们节省的电费，都用来付给窗户清洁工人了！"

当García一家人浩浩荡荡地，在7年前入住于此家时，也同时开启了他们建筑事务所的成立。截至目前，这栋建筑已引起了许多人，包括几个新客户，对采用混凝土建材作设计的兴趣和关注，甚至还有的要求说要一模一样的房子！他们夫妇俩曾经拒绝此想法，不过如今正在重新考虑决定。起初，他们认为，这个只是作为实验的建筑，却让其他人来住，似乎有点奇怪。但是，如果安迪·沃霍尔这位艺术家都可以将原型进行流水线生产，那建筑师当然也可以。

García说："为什么不呢？"因为每一栋新家将会有不同的筑地，所以，"它永远会不一样"。而我什么都无所谓，就祈求能拥有那"飞天泳池"就够了。

恰到好处的装饰性
Nibelungengasse

高度绝缘玻璃和帷幕墙能防晒、采光和防火，低耗能且支援被动性的能源发电。户外的绿地能储存雨水，作为建筑的隔热冷却系统。

地　　　　点	奥地利·维也纳
动　　　　工	2003年9月（设计），2005年6月（施工）
竣　　　　工	2008年
基 地 面 积	2402平方米
建 筑 面 积	2102平方米
建筑师／事务所	RÜDIGER LAINER + PARTNER

屋顶建筑目前占了维也纳城中发展计划的大多数。可见，自 Ray 1 阁楼式公寓（参见第13页）完工以来，人们（或发展商）已经认定，屋顶建筑能有效提供让社会相容与密集化的机会。然而，这些屋顶建筑却往往只是以加盖（toppping up）工程居多，在设计上总是无法与下面的楼层或附近的建筑物有所区隔。对于维也纳这一座古城来说，要屋顶建筑不单调且又不浮夸，确实比一般建筑设计多了一层的考验。

但如何拿捏这样的设计，似乎对建筑师 Rüdiger Lainer 来说并不困难。他出生于奥地利萨尔茨堡（Salzburg），如今定居于维也纳。这两大城市皆受大量的巴洛克风格所影响，因此，装饰性的元素在城内比比皆是。而 Nibelungengasse 的筑地也不例外。"考虑到这栋建筑位于著名的 Karlsplatz 广场，并且面对着巴洛克式风格的 Karls 教堂，我希望这个屋顶设计将会是明显的，并且可以作为城中接下来将进行的其他建案的范本。"他说。

面向庭院的侧面以错开设计法，让每一间公寓之间的视觉串联性消除，进而达到了私密感。

巴洛克的取悦性

　　当初发展商邀请他以及其他两家建筑事务所，让他们提出适当的屋顶建筑概念。而Lainer则记得，他的设计是所有概念中唯一超越出现有屋顶围护（范围／范畴）的计划。因为企图突破局限的框框，反而开发了一种开放式的规划。

　　面向街道的立面全以"浮动的翅膀"勾勒出轮廓，并以玻璃帷幕墙进行空间的间隔。而面向庭院的侧面，则以错开设计法，让每一间公寓之间的视觉串联性消除，进而达到了私密感。Lainer说，他的灵感来自于一个以长形的剪裁并将之扩大的屋顶，然后表面再折叠出角度来，形成类似翅膀的感觉。

新建筑面向街道的立面全以"浮动的翅膀"勾列出轮廓，并以玻璃帷幕墙进行空间的间隔。

　　"原则上来说，巴洛克之所以能取悦人心，并非直接与其必然的装饰性有所关联，反而却在某个程度上需要一种强烈个性的打造；但我对于这些个性的理解和使用，特别是在立面的强烈性，却有所不同。"

　　Lainer曾经提到，他早就对建筑的宏观式美学（macro-aesthetic）大感兴趣。因此设计时总基于三种手法："一，取悦的情境：我该如何在诠释基本建筑结构时纳入环境作思考？二，有关符号学、符号强烈性的问题。这问题出现于我

建筑中乍看似装饰的"翅膀"，其实却能达到防晒和采光的双重功能，并且还能达到楼层之间的防火作用。

对于整个现代建筑行业的迷惘所做的研究。我想知道，该怎么不以后现代装饰需求去传达资讯的密度。三，则是奥图·华格纳（Otto Wagner，1841-1918）和阿道夫·鲁斯（Adolf Loos）俩人关于服装的论述——即现代装饰不再像传统装饰那样能体现民族文化，所以产生这种'世界性'的装饰，是没有必要的。"

屋顶建筑的绿化

虽然设计最终是为了达到经典、现代主义建筑的合成，但他认为自己并没有在立面上建立了装饰。相反地，Nibelungengasse那些乍看似装饰的"翅膀"，其实却能达到防晒和采光的双重功能，并且还能为楼层之间进行防火作用。该建筑也从利用混凝土的热质、高度绝缘玻璃和帷幕墙等元素，达到低耗能概念。

该建筑也从利用混凝土的热质、高度绝缘玻璃和帷幕墙等元素，达到低耗能概念。玻璃帷幕立面也设计得在某些特定点上，能于夜间打开，有利于自然通风。

玻璃帷幕立面也设计成：在某些特定点上，能于夜间打开。这有利于自然通风，在夏季的晚上进行冷却，因此减少空调需求，进而不耗电。在冬季，立面的角度性以及巨大的玻璃元素，有效支援被动性的能源发电。另外，建筑户外的其他平坦表面也全都作为绿地，这也能有效进行雨水储存。特别是在夏季，因为雨水的缓慢蒸发，则有效作为建筑的隔热冷却系统。

依然难上加难？

屋顶建筑之所以成了维也纳的常态，建筑师说，是因为这里的居民仍然有着在这城市里生活和工作的巨大需求。加上城市也有着一定的政治承诺，市内的密集化也因此受当局的支持。"当然，最大的限制还是：维也纳市乃联合国教科文组织列为世界遗产的城市之一。此外，在现有建筑物屋顶上进行建设工程，将涉及结构和技术方面的元素，进而产生更大的挑战性。"

像这项计划，单单是设计立

Nibelungengasse可说是最新的屋顶建筑发展，连屋主都还没有入伙呢。

面上起伏的"翅膀"，还有每楼层空间上的变化—这里的住宅空间面积从70至370平方米不等——都需要数以百计的细节。而且本来，在现有建筑物上搭建，就有超多的规则需要遵守。因此，建设上所面临的挑战便是：如何与现有建筑作结合的同时，有效让新的开放式计划的潜力有所发挥。也就是为什么Lainer会选择极致轻盈的建材进行大部分的工程，不管是铺陈地板的轻质混凝土，还是内置钢架，再与铝包裹制成的"翅膀"。

但屋顶建筑的申请过程，依然是在他心中最难忘的时刻，他承认说："在当局接受我们的建议时，那的确是一项伟大的成就！"

维也纳需要更多屋顶建筑已经是毋庸置疑的现况。但建筑师却认为，与其茫然地进行加盖，屋顶建筑更应该要有环保功能，特别是在永续方面，同时也需要能种植／植被的可能性，这样才能一箭双雕，不再仅仅是一件单纯的屋顶计划。

新旧屋顶的协和曲
Bondi Penthouse

屋顶上的现代化空中阁楼，以无框玻璃天窗为天然照明系统，原有建筑墙体变成屋顶露台的扶手，不仅仍保有绝佳的海滩景致，且让老建筑重获新生。

地　　　点	澳洲·悉尼
竣　　　工	2010年
建筑师／事务所	MPR Design Group Pty Ltd

　　坐落在澳大利亚悉尼城中最著名的Bondi海滩，建立自20世纪20年代的Campbell Parade区公寓楼，可说是这里最显赫的标志性建筑。而拥有这建筑群其中两栋楼的业主，也同时是这里的住户之一。有一天，当他在寻找地方晒衣服的时候，便随手打开往屋顶的通口，望了一望，竟然发现让他为之兴奋的事情——一个完美、无物的平坦屋顶。

　　而他这一小小的发现，却成了接下来进行的建筑大工程的导火线。为了让这古老建筑重新获得新生，并且在屋顶上立起一栋现代化的空中阁楼，建筑师Kevin Ng（曾为Brian Myerson建筑事务所一员，如今则融入了MPRDG建筑事务所）解释说，这一项工程还确实遇上了超幸运的时机才凑合成功。

（左）被屋主发现的完美、无物的平坦屋顶，（右）成品为一栋现代化的空中阁楼。

隐藏式新概念

　　或许，这个屋顶建筑新结构最让人敬佩的地方，除了它高高地凌驾于现有建筑上这点以外，就是无法从街道直视到它的存在，因为建筑的高度，恰恰与原有建筑立面上的矮护墙相等。

　　Kevin解释说："我们一开始就希望这栋建筑能明显地与旧建筑有所区别。但当我们与当局的文物官员会面时，他说：'我们不希望看到这座建筑物。不管你用什么方式打造，我们就是不希望看到它。'"这驱使他们最终决定，让建筑位

位于南面的长型走廊,连接了卧室和起居室,而一旁的5米无框玻璃天窗,成为室内深处空间的天然照明系统,同时也提高了房与房之间的流动性。

置往后退,也因此腾出了作为露台的空间,而原有建筑的墙体也正好自然地形成屋顶露台的扶手,屋主最终在这里有着面海的无限 View。

当然让整栋建筑以白色金属包层而完工,也是为了满足这项"隐身之道"。因为屋主同时也是这项计划的承包商、开发商以及经理，拥有丰富经验的他，亦同意建筑师的决定，觉得白色金属包层可作为建筑的主要材质，但却需要以新的方式来呈现。

这个白色纯净的金属包层虽然轻盈，但为了与原有的砖石建筑物形成强烈的视觉对比，建筑师选择了以不规则角度的焊接模式来打造。希望以正式的前卫手法，让"新"元素与"旧"空间进行碰撞，产生灿烂火花。但他却没想到，这竟然成为设计中最考究的部分。

"这栋建筑有很多的角度。"Kevin说，"这就是我们让新建筑脱颖而出的概念。从天花板到推拉门，壁炉到厨房料理台，都是有角度的，不但在形状上，连立面上也有角度上的考究。"这元素的无所不在，让施工和建构皆充满着挑战性。而成果呢，特别是像一块块拼接起来的拼图天花板，却有赖于建筑外围原料被向内拉，才得以产生有趣的角度与美学风格，还减少原料的浪费。

值得一提的是，因为屋主对于建造过程非常了解，所以从一开始就可说是设计团队的一分子，能够与建筑师解决细节上的问题，并一起进行设计性的决策。在这种情况下，他亦邀请了一班专业团队来相助，他们都曾任职于他早前工作

预制好的旋转楼梯，用起重机吊下。

新建筑坐落在澳大利亚悉尼城中最著名的Bondi海滩，建立自20世纪20年代的
Campbell Parade区公寓，可说是这里最显赫的标志性建筑。（最下排中间行）而原有建
筑的结构上本来就有缺陷，却借这新工程获得修复。

建筑内有很多的角度,从天花板到推拉门,壁炉到厨房料理台,都是有角度的,不但在形状上,连立面上也有角度上的考究。

的顾问团队。而建筑师所面临的困难之处,也在这些钢铁／金属包层／视窗制造者、木工、瓦工、电工的登场,而有效解决"最细节性"的部分,连这些"顾问"都对他们自己的成品感到自豪。其中,最出色的工头还因为他的专业技能、经验和远见,让建筑师们都赞不绝口呢。

永续发展性

当初被屋主发现的屋顶通口,如今则被建筑师用作为螺旋楼梯的设置,而新建筑的后部也安装上电梯,作为比较直接的入口。其他的空间设置则围绕这两个元素作安排。

在迎合了"隐身"的元素后,开放式的起居空间立即与宽度达3米的露台形成一体。而因为其南面和北面皆采用了玻璃幕墙,进而带来大量的自然采光。同样位于南面的长型

当初被屋主发现的屋顶通口，如今则被建筑师用作为螺旋楼梯的设置。

走廊，连接了卧室和起居室；而一旁的5米无框玻璃天窗，则成为室内深处空间的天然照明系统，同时也提高了房与房之间的流动性。套房式卧室则并列于建筑北面，让其拥有绝佳的海滩景致。

至于自然通风方面，温风首先会通过底层的可调节玻璃百叶窗，然后经由内／外的小型水池进行冷却。另外一个圆形天窗，则安置在螺旋楼梯的上方，有效让光线达至底层。而所谓的"服务区"，包括厨房、料理台和洗衣区则作为空间的缓冲。轻量级的钢结构中则其实还内置了绝缘填充，达到保暖功效。而外观墙面也有着双层的防火特质，为建筑围护增加额外保障。

公共和文化效益

这个新建筑的成功打造，不但满足了一个家庭的必需，也纳入了户外空间。这在Bondi沙滩区域中，是几乎不存在的设计。更何况建筑师还称，在这个独特的建造过程，还有效提升了现有建筑的素质。这又怎么说呢？

"当我们在为这个建案探索基本建筑主张，该如何在拥有历史性的建筑上增添新意，并丝毫不夺取原有风采时，意外地发现，这栋新屋顶建筑的出售，却提供了改善现有建筑的资金，这亦让这里其他长期住户多了一份慰藉。"Kevin解释道。这里除了有新屋顶建筑，原有建筑的外部立面亦获得修复，而其他如街边遮阳篷、共同入口处、车库，以及后方公寓阳台，都是全新的建设。"当然，我们更希望这个案例能成为范本，展现出这类计划的可能性。"

回望这个美丽、现代的新屋顶建筑，竣工后静静地伫立在老建筑之上，它丝毫没有占领的意味，也没有失去悉尼最佳的海滩View。这一个建筑师与开发商共同实现的设计，在达到延续现有建筑的寿命之际，亦有利于所有的参与者，创造的是一首"新"与"旧"屋主的双赢和协曲！

屋顶建筑新意

展翅翱翔的屋顶
Rooftop Remodeling Falkestrasse

无数个钢铁支架、开放式透明大玻璃，构成封闭、折叠或者平行的表面，得以有效控制采光，为视线提供了张合。

地　　　点	奥地利·维也纳
动　　　工	1983年（设计），1987年（施工）
竣　　　工	1988年
基 地 面 积	400平方米
建筑师／事务所	Coop Himmelb(l)au
计 划 建 筑 师	Franz Sam

扩建结构像要从屋顶滑下来一样，形成强烈的动感和悬念。因此也有"滑落屋顶"之称。

"当我们谈到鹰，其他人想到鸟，然而我们谈论的是展翅翱翔的空间。"

坐落在维也纳城市公园不远的Falkestrasse街上，有着解构主义团队Coop Himmelb(l)au的成名作——律师事务所"Schuppich, Sporn, Winischhofer, Schuppich"的屋顶办公室扩建。但由于筑地位于离地高21米，倘若不特别昂头观望，这一建筑还是很容易就被忽略掉。其结构一角，悄悄地从建筑边缘突出，看似只正在觅食的老鹰。而巧合的是，这建筑所属的街道的名字，竟然也意为"老鹰街"。因此，最后成果确实不难勾起鸟和翅膀之类的印象。但如建筑师们说的，外形乃其次，内在空间才是设计所在。

建筑设计图

解构"蓝天组"

　　解构主义在近期比较让人熟悉的，或许就是在大陆露头的北京中央电视台新楼（OMA），以及广州新歌剧院（Zaha Hadid），但可以说是这建筑主义始祖的 Coop Himmelb(l)au ——蓝天组，其实从 20 世纪 80 年代起，就已经开始推出

置身于会议室，就仿如在《变形金刚》的驾驶舱中。

一个又一个惊世骇俗的作品。特别是作为该建筑事务所的大本营维也纳里，自然不乏他们的手笔。值得一提的是，Falkestrasse扩建还是他们的处女作呢！因此蓝天组的一夜成名，可说是建筑史中让人津津乐道的逸事。

但有别于他们的前卫建筑，创办人Wolf D. Prix和Helmut Swiczinsky却似乎低调得很。至今仍没有被套上"明星设计师"光环的他们，鲜少露面于大众媒体，就算近期推出过最大型的计划BMW Welt时，也不见他们大肆宣传，全省走遍。或许成名对他们来说，比建筑设计本身来的不重要，特别是通过他们曾说过的"建筑必须要红火得咻咻响"就足以看出这点。

角落、屋顶大改造

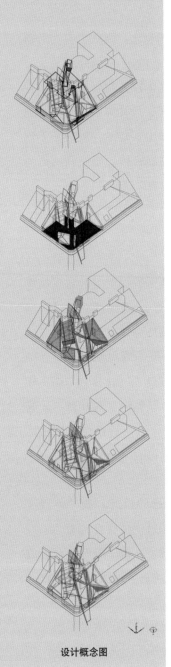

设计概念图

Falkestrasse屋顶办公室的扩建工程，是易于描述的：业主要求把顶楼，占400平方米的屋顶空间转变成办公室，其中也需要包括一个会议室。当时，位于建筑角落的空间，就是建筑师认为能将潜力最大化的地方。

他们最初就在草稿上出现倒翻的闪电和绷紧之弓的概念。而这"弧形脊椎"则由始至终，为该建筑最重要的元素，最终也成为该建筑的主要支撑，以及其体态的主轴。借着无数个直接或间接性地与这个脊椎相连着的钢铁支架，并加入开放式透明大玻璃，以及封闭、折叠或者平行的表面后，采光就得以有效控制着，为视线提供了张合。

因为这屋顶没有悬挑、没有塔楼，没有比例、原料或色彩上的前后关系，反而拥有一条充满视觉能量的线条，从街道一直延伸到屋顶的建筑，从而分解了原有的顶层，使其完全开放。"我们的策略之一，就是计划重塑建筑物的两侧，让这两个走廊像阳台般，由一玻璃墙所分隔，并以一段楼梯领导人们从入口到屋顶花园，也给予接近会议室的机会。"

他们把扩建部分，设计成和主体中规中矩的学院派建筑恰成对比的钢和玻璃结构；更有甚者，扩建结构像要从屋顶滑下来一样，形成

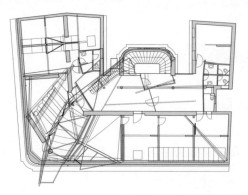

平面图中显示，除了主要的会议室，计划中还包括有办公室等基本设施。

强烈的动感和悬念。因此也有"滑落屋顶"（Falling Roof）之称。

从外部到内部，或反之的双向视野，也早出现在设计师的草图中，而这一设计也为该建筑空间的复杂性做出了定义。组合了不同建造体系：仿佛是一个桥梁和飞机的混合体，将空间的张力转化为建筑世界里的现实，效果既复杂又感性。

惊动市长的建筑

在他们刚出道的年代里，如此遵循解构主义的建筑概念是难以被承认的。两位建筑师回忆说："因为该案例过于前卫和激进，根本就没有可能获得建筑许可证，特别是当它位于历史悠久的市中心。"于是他们去见了维也纳市长。当他看到这设计时说："这根本就不是建筑！"他们问："那不然这是什么？"他回答说："这是艺术。"他们面面相觑，回答道："市长先生，我们同意你的看法，可以请您给我们书面保证吗？"有了这个文件，他们终于得到了所有必要的施工许可证——来树立起一项艺术品！

可见他们都曾为求能建立起自己的设计，而"不择手段"！或许因为他们的设计，往往都只是装置性的概念，而直到出道20年后的这一扩建计划出现，才终于被具体化，终于扬眉吐气。也正应对了"不飞则已，一飞冲天；不鸣则已，一鸣惊人"的名言，该建筑果真也成为经典。

竣工于1988年，这一建筑至今已经有近30年的历史。如今回头看，他们是否觉得设计的初衷已达成？

屋顶办公室的现代设计与其他原有建筑形成极大的对比，相映成趣。

Prix回答道："我们创造的是一个20世纪、解决角落办公室的新方案。今天我们都知道，该办公室的员工都喜欢这设计，也感觉非常舒适。"他认为，虽然当初对于维也纳城市的自行局限、强力守旧感到反感，因此才会进行"叛逆"的解构主义，但如今反而觉得自己（以及奥地利的建筑师们），都是无意识地被维也纳传统影响着，特别是巴洛克风格。

"我们（维也纳建筑师）并不像荷兰或瑞士的建筑师般，以构图来发展建筑的技术而闻名。"他说。"我比较像波罗米尼（Francesco Borromini）。奥地利的建筑是基于空间序列的。譬如阿道夫·鲁斯（Adolf Loos）、弗里德里希·基斯勒（Friedrich Kiesler）、雷蒙·亚伯拉罕（Raimond Abraham）、汉斯·豪莱（Hans Hollein）。我们可能都不自知，但潜意识里，我们就是以这样的手法来设计的。"

或许蓝天组是现代"变形金刚"的工程师，虽然不是每个人都能亲身在这空间中"翱翔"，但却无法阻止人们对它在夜深人静时转变成钢铁飞鹰的幻想。

闪亮的钻石屋顶
Diane von Furstenberg (DVF) Studio

Chapter 2 **2-02**

办公之用

在顶层以钢和玻璃帷幕搭建的水晶宫，最大限度地拥有自然采光；亦在天花板中安装小型热泵空调，创造一个非常有效率的空调系统。

地　　　点	美国·纽约
动　　　工	2004年6月（设计），2006年2月（施工）
竣　　　工	2007年6月
基 地 面 积	2790平方米
建筑师／事务所	Work AC
计 划 建 筑 师	Silvia Fuster, Eckart Graeve, Michael Chirigos

建筑师最大胆的创举就是：在顶层以钢和玻璃帷幕搭建成两层水晶宫，而水晶宫的一角则是一大颗"钻石"。

"我觉得我们比OMA来得诙谐。"Dan Wood自称。毕竟他曾经在建筑大师库哈斯（Rem Koolhaas）的OMA建筑事务所旗下工作过近10年时间，在成立自己的事务所Work Architecture Company时，就知道自己有多少斤两。会如此说，应该对自己的设计风格有所自信。"我们往往会尽力采用幽默感来进行设计。"他的拍档Amale Andraos则说，"这让我们的作品更加令人兴奋，并且让我们陷入困境中！"你没看错，她说的确实是"困境"。

所谓的"困境"，其实都是他们"自找的麻烦"。从贝鲁特充满复杂政治元素的工程，到文化主导的大陆建设，还有最具争议、为狗狗设计的虚拟"别墅"等，都能归咎于他们俩在2002年创立事务所时所立下的5年计划——即对任何委

托案都说"可以"——仿佛是现实版的《没问题先生》（Yes Man）。

"我们之所以决定这么办，是因为想要开放性，而当初并没有一套先入为主的'理论'可以去测试。所以我们想简单地开始工作，让事情自然发展。"Andraos 回忆说。"而且我们那时也都刚刚从大型的、拥有强烈个性的建筑事务所出来。因为曾经在同一环境太久，我们已经不清楚，究竟自己的概念是自创的，还是受他人影响。"Wood 再说。

至少在经过这样囫囵吞枣地工作后，他们并没有对该计划的设定有所后悔。况且 Andraos 还说，"狗狗别墅"应该是他们最引以为傲的作品之一。虽然那只是幻想的概念，却让他们俩对自己的设计态度有了确凿的方向。而这 5 年计划到

了尾声时,他们亦成功接到了Diane von Furstenberg(DVF)服装品牌总部的改造工程,进而让他们的建筑事务所于业界有了立足点。

突破历史困境

"基本上来说,Diane von Furstenberg想要将她公司的所有事项收入在同一个屋檐下,于是这一栋6层的大楼就需要在底层有旗舰店、一个占地5000平方米的陈列室兼活动空间、一个可容纳120人的办公室楼层,还有她个人的办公室和私人阁楼公寓。"建筑师们说。另外该建筑的地下室也需要有其他如储存空间、布料工作坊以及更衣间等等设备。

设计这一切还不打紧,最重要的问题是,这栋坐落于纽约市Gansevoort Market历史区域中的建筑,仍需要"纽约地标保存委员会"的同意才可以进行任何的装修,特别当建筑

屋顶的两层水晶宫，也同时是时尚设计师 Diane von Furstenberg 的住家兼办公室。

师欲将屋顶扩建，而这一扩建计划又是该区的首个大型装修
计划！再加上委员会这一组人皆认为，任何建筑外形的改变
都得是"隐形"的。那这两位建筑师又是如何应对这困境呢？

　　"当时我们就辩解说，这项机会能为该区带来新生
气。"Wood 说。而确实，即便当时不少零售店面都迅速地在
该区开业，许多建筑物仍然用木板封住，看似有点荒芜。而
建筑师们赌上的正是委员会对振兴该区行情的激情，最终赢
得了改造权。

钻石屋顶环保术

　　回到设计的层面，建筑师最大胆的创举，或许就是在顶
层以钢和玻璃帷幕搭建的两层水晶宫，而水晶宫的一角则是
一大颗的"钻石"。这颗"钻石"看起来似乎中空无意义，
但其实是为了最大限度地拥有自然采光，一系列的"定日
镜"被安装在这颗"钻石"内。主要的镜子坐北朝南，全日

追踪着阳光，然后把光线反映到另一面固定的镜子；相同的角度下，总是能让阳光随着中央楼梯的角度往下延伸。当阳光折射入这中央楼梯中的镜子时，便发挥了扩散的作用，将其余的光线照射到护栏上——这个垂直钢缆制成的结构，大量安装了施华洛世奇的水晶玻璃方体——有助于将光线分散到每个楼层去。

加上每层楼皆设有宽广的落地窗尽情吸引阳光，整栋建筑也能因此减低照明设备的耗电。在夜间以LED灯点亮的楼梯，也比正常的照明系统消耗更少的能源。即便在阳光不足的日子里，这些天花板镜面和楼梯旁水晶，形成钻石切割的几何形状，亦是赏心悦目，也因此这道楼梯会被称为"stairdelier"，即楼梯和水晶灯的结合。

当然，最不简单的，依然是顶楼的"水晶宫"。除了是整栋大楼改造后最引人瞩目的焦点，这颗"钻石"的名堂亦是：大费周章地，先在西班牙Olot城镇以特殊钢材建构，然后再运至纽约组装。建筑师们的这颗"钻石"在新旧融合之中散发熠熠星光，成功衬托出DVF品牌最奢华且简约的意象。

绿色未来主义

走出水晶宫则可见一个屋顶花园。这里也可以说是激起两位建筑师未来对"绿色"屋顶的研发和奇想。因为说到这样的概念，相信没有一家建筑事务所比他们来得热衷。屈指一算，他们设计过的绿色屋顶计划，从2007年至今就总共有约七八项。可惜的是，全都只是概念性的设计图，毕竟如一

"钻石"结构中的玻璃都是从费城海军造船厂打捞的玻璃,是独一无二的再循环原料。

座仅仅用于公园和农产品种植的大厦设计，还是有待大众接受。

不过对于DVF这栋商业建筑的打造，他们还是利用了许多永续元素。除了"钻石"和"楼梯吊灯"的采光方式，他们也采用有1500米深的地热井来进行采暖和冷却。而且，考虑到楼层之间的高度较窄，建筑师们亦在天花板中安装上大量的小型热泵空调，创造一个非常有效率的系统，有效将中央空调区域化，使员工能跟随工作区自由进行空调的开关。另外，在建材上，建筑师也尽可能使用再循环的原料。建筑内的波纹玻璃天幕就是来自费城海军造船厂的玻璃。

历经3年、耗资2800万美元的DVF总部，终于在2007年6月竣工。而DVF建筑也因为改造成果的突出，被纽约地标保存委员会誉为一个"城市再利用的新模式"，成为新典范。"与其将新元素隐藏在历史性的门面背后，"建筑师们说，"我们可以说成功开启了当代原料和装修元素之间的对话，让建筑的过去和未来一览无遗。"

屋顶新形态，智能办公
Rooftop Office Dudelange

这栋被动式建筑，透过住宅本身的构造做法，达到高效的保温隔热性能，并利用太阳能和家电设备的散热，为居室提供热源。

地　　　点　卢森堡
竣　　　工　2010年
建 筑 面 积　250平方米
建筑师／事务所　Dagli Atelier d'architecture

建筑在高度上遵循了左边住屋的延伸，另一方面，则将立方形的屋顶建筑与右边的建筑对齐。这样的结合，同时获得屋主和建筑规则的批准。

　　刚抵达Sanichaufer这家卢森堡最大建筑服务工程公司的新扩建展厅时，肯定会对该建筑的地理位置有所惊讶。虽然这里明显的是个住宅区，但扩建的成品却完全没有格格不入的感觉，甚至还为该区带来一丝现代主义的新鲜感。

　　"其实这栋建筑本来就是Sanichaufer创办人的故居。当初公司的第一座工作坊和仓库就建在这栋建筑的背后，可沿着一条小巷出入。"负责扩建案的Dagli Atelier d'architecture建筑事务所负责人Mathias Eichhorn解释道。"后来，创办人

兼屋主搬出这栋建筑，便决定将这里改造为陈列室。但碍于建筑体本身已经无法（在内需上）与公司跟进，因此创办人便决定要采取装修，以进行多一层楼的扩建来解决。"

而这拥有超过50年历史的公司，自然不放过在这次的扩建中展现新科技——暖气、空调和中央控制系统——的机会。但要将这些最先进科技融合于建筑内，对于建筑师而言乃小事一桩，他透露，最困难的或许还是如何打造这屋顶扩建，因为他面临的是屋顶建设两极化的矛盾！

矛盾形状的结合

　　"屋主一开始就想要一个现代的建筑，因为他需要把扩建的部分作为陈列室使用。而传统的复折式屋顶（Mansard roof）在他的观点里，是无法代表一个先进公司的办公楼的，所以先知先觉地删掉这种屋顶样式。"因此建筑师就提出了立方形的建筑，并以平面屋顶完工的设计。

　　但法规却另外有所要求：复折式屋顶虽然可以在形态上有所变更，但需要与相邻的屋顶有10% ~ 20%的相似度。因此要创造双赢的局面，设计中就只好融合这两种相对元素。"这是必然的状况。"Eichhorn也承认，"因为在市区范围内进行扩建的前提总是：需要现有建筑物采纳新设计。"

　　而最终的结果，就是建筑师将类似复折屋顶的形态，在高度上遵循了左边住屋的延伸；另一方面，则将立方形的屋顶建筑与右边的建筑对齐。这样的结合，同时获得屋主和建筑规则的批准。"知道结果的那一刻，是最艰难的时刻。"他说。

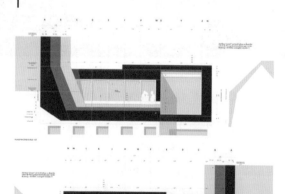

建筑设计图

追溯古代巧思

　　当然，这不同形态上的结合，则在渐层的颜色中达到和谐功效。如今从复折屋顶往下看，这渐层似乎创造一种动态，最后结合成平面屋顶的基础，在视觉上，将后者包

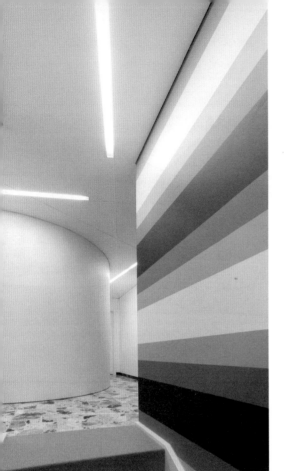

室内装潢也沿用了外观上的渐层式色彩。

裹进复折屋顶之下。两者相互交替着，而不同程度的色调则仿佛像是从立面不同部位的枝节中跳蹦出来。究竟这概念又从何而起的呢？

"这是我们长期研究的成果。"Eichhorn解释道，"我们考察了几种不同的建筑风格——特别热衷于辛克尔（Karl Friedrich Schinkel）和古典、新古典主义。我们发现，从歌德时期开始，就有许多建筑风格在设计外观上采用了不同层次的形式，最明显的例子，就是哥特式教堂的门廊效果。"

他们因此决定将这风格作进一步开发。经过不同风格的分析和抽样后，终于产生出这一种灰度模式的色泽渐层设计。形态跟随着色泽转变，反之亦然，像屋顶本身正进行着一个微妙的游戏般，挑逗着观者视觉。

智能建筑技术

为了让这屋顶办公室塑造成Sanichaufer公司的CI（Counter Intelligence，竞争情报），不管是建筑语言或能源效率，都需要有最好的表现。因此，新建筑的内部全以实木

建筑的后面也与员工停车场连接着。

打造。而之所以会选择实木来代替钢架，是因为该建筑所需要达到的高标准绝缘性，彻底成为一栋被动式建筑。

所谓的"被动式"建筑，即通过住宅本身的构造做法，达到高效的保温隔热性能，并利用太阳能和家电设备的散热，为居室提供热源，减少或不使用主动供应的能源，即使需要提供其他能源，也尽量采用清洁的可再生能源。Eichhorn对于这样的建材选择，认为是极其环保的，他说："如果是采用钢架结构的话，成本将变得更高，而且也会降低能源效率标准。"

由于扩建建筑将用来作为陈列室，最先进的供暖和空调皆安装于此。其中包括一个中央控制单位，能以触摸屏和iPhone的用户界面来管理系统的控制和微调。对于该公司来说，重点不但着重于节约能源和能源效率上，他们同时也使用如太阳能和环保电力等绿色能源。

"幸好因为该扩建本来就与楼下的办公室连接，因此我

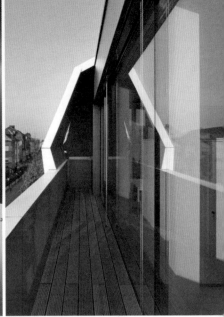

复折式屋顶内其实还藏有一个小露台，让员工有机会能出外透透气，却又不需要离开办公室太远。

们在施工期间就不断得到公司员工的回馈。他们都对此设计感到相当兴奋。而工程完成后，他们也对于新的陈列室感到无比自豪。"

要环保太容易

但卢森堡对于屋顶建筑案依然还未立法成规。Eichhorn指出，也许就因为这样的漏洞，才让屋顶建筑有机会成型。"有时，我们希望政府会承认屋顶的潜力，并允许这些被忽视的表面作更好的使用。"

虽然他似乎对目前的国家建筑规则有所感叹，但至少对屋顶建筑的绿化（即环保化）还是持有正面的看法，说道："屋顶建筑其实很轻易地就能达到环保标准，因为它很容易地就能独立于现有的建筑。"

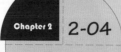

Hold得住的屋顶建筑
Skyroom

屋顶结构和建材都非常轻盈、透明，再采用特别订制的钢结构为基础，加上以铜网立面创造了叠栅图腾，轻轻遮掩了周围。

地 点	英国·伦敦
动 工	2010年6月
竣 工	2010年9月
建 筑 面 积	140平方米
建筑师／事务所	David Kohn Architects Ltd

屋顶建筑往Tooley Street伸出的一角。

坐落在伦敦Tooley Street的建筑基金会（Architecture Foundation）大楼，在外形上本来就没有让人惊艳的特质。但是为了2010年的伦敦设计展，基金会总监Sarah Ichioka就策划，要在此建筑屋顶上打造一个展厅，希望能借此打造一个新聚点，以配合设计展时期进行的各种讲座、会议等交际活动。

但要进行这新计划的前提，从一开始就被制订出4项。首先，现有大楼的屋顶甲板，无法支撑任何额外的负载。第二，施工期只有8周。第三，预算有上限，成本只有15万英镑（约700万台币）。第四，也是最苛刻的要求，就是在品质上需要达到高度的完工，并且能承受岁月的洗礼。

而究竟是哪位建筑师成功获得基金会的青睐，被委托成为这称为Skyroom的设计者呢？

Skyroom在夜晚，是极好的社交聚集空间。

展厅掌门人

临时展厅的设计，在英国似乎已经成为一种常态。每年夏天在伦敦 Hyde Park 立起的 Serpentine Pavilions 就是最佳的例子。而以设计展厅著称的建筑师，或许就非 David Kohn 莫属了。自 2007 年成立建筑事务所以来，他的作品，不管是艺廊还是餐厅，都是可以让公众尽情享受自己的空间。"我想，原因应该是非常具体的，虽然我并不知道成果会变成如此。"Kohn 回忆说，"我记得我刚成立自己的建筑事务所时，接到的第一份工作便是去当老师。而当老师最伟大的事情，便是可以自由地去设定课程纲要。"

当时，他已经在伦敦工作了 10 年，也曾经与不少非常成功的人合作过，所以他非常热衷于尝试做不同的事——最创新的，就是设立了一个与公共空间和其欢乐、舒适性有关的课程。第一年他和学生们进行了一些餐厅的设计，他当时也

建筑师采用了特别订制的钢结构为基础，再加上铜网立面，创造了叠栅图腾，轻轻遮掩了周围。

邀请了 Bistrothque 的 Pablo Flack 来做评论。岂知，"他竟然在6个月后对我们说：'帮我设计一家餐厅。'就这样成了我们的第一批客户"。他也因此走上了设计公共空间的不归路。

　　"从我多年从事建筑的经验来看，这（公共空间）是极少被关注到的。"他说，"有时候，建筑往往会将社交活动的乐趣给删除，让人无法享受空间。我认为这样往往会引导人们过于着重制造东西的技术性和问题性，导致人们无法享受该有的乐趣。"也因此 Kohn 觉得，如果能将设计概念集中在欢愉感，那就能立即集中于人性的情感。"这样一来，设计过程也能带来欢愉，进而容易认识到其他人，并讨论起该项设计带来的乐趣。这是一个非常有用的方式，以容纳大量群众的参与。"

施工进行时。后方为逐渐崛起的 The Shard 建筑。

因此不难理解，为何他会常常接受相同类型的委托，甚至还曾经跟10位设计师一起合作！"因为我们并非一定要做出最完美的东西，所以他们也对合作不持反对。如果你正在设计一个欢愉的公共场所，相对地，设计也需要在一个愉快的环境内进行。"他解释。

开放的新巧思

他对于建筑设计案的开放性，是业界中罕见的。而亲临过 Skyroom 的人，亦会赞叹这是个了不起的开放式空间。类似于一个小型剧场，这个建筑的比例让它能够一次容纳60人。开放式的中庭，正巧与建造中的"The Shard"（即将成为伦敦最高塔）相对。四个较小的单位，从中庭延伸出来，创造了一个私密的环境，可作会议或休闲用途。而另外，还有一个悬臂式的阳台，于 Tooley Street 之上，让人们从此能俯瞰泰晤士河与伦敦塔之间的城市全景，视野很是壮观。

在建筑师最早期的草图内，Skyroom 的设计概念是：希望是通过一个开放式中庭来展现出城市的景致，所以从一开始，城市的轮廓已是个重要的起点，而不仅仅只是作为室内装潢。Kohn 记得，他曾经在建筑动土前的一个下午到这屋顶上，喝着啤酒，看着手中的模型，想象完成的景象，便称那简直就像梦幻般。

屋
顶
记

坐落在伦敦建筑基金会大楼，Skyroom为在外形上本来就没有让人惊艳特质的原有建筑上，增添了到此一游的新巧思。

他记得说："当时天气真的很热，而且天空看起来就很广，视野非常宽。特别是逐渐崛起的 The Shard，由于它那像是教堂尖顶的形式，卖相还是相当诱人的。而且你已经可以预测它顶端的所在处……它与一般大厦不同的是：我们不需要等到它完成，就知道塔顶在哪。所以，当我们设计Skyroom时，便刻意将塔顶景观纳入考虑的元素之一。"

8周迅速现型

但这屋顶如薄冰的厚度，确实让建筑师感到惊讶。因此在结构和建材上，就需要非常轻盈乃至透明的选择。最终，Kohn采用了特别订制的钢结构为基础，再加上铜网立面，创造了叠栅（moiré）图腾，轻轻遮掩了周围。地板则是以落叶松木条，垫衬在6件四氟乙烯（ETFE，乃当初由美国宇航局发明，以在月球上建立起建筑的外壳材料）上。另外，结构中还特别植入了防晒的银色圆点，这犹如布料质感，则成为整个屋顶外壳包裹用的织物。

百叶隔墙后种植的多花紫树，将因为建筑被 Hold 住多一年的时间，有效将此屋顶化作全新的根植地。

至于白色的粉刷，则像极了在空中绘图般，刻画出整个建筑的范围。建筑师也不忘在南面的百叶隔墙后种植多花紫树。他认为，这些树木长大后，便会催生出鲜艳的大红色叶片，进而将为此屋顶化作全新的根植地，也证明大自然能在屋顶寻获新生。

回想到当初，不晓得 Kohn 在设计这即将作为同行所使用的建筑时，是否会有恐惧感呢？

"我想，这种'好像会被大量勘查'的感觉，肯定是会有的。不单只是在建筑整体，在细节方面亦然。"他坦白说。"但如果了解到，建筑师们基本上都患有这样的职业病的时候，进行这个设计案也就跟进行其他设计案没有什么不一样。但我不知不觉地意识到人们在讨论该设计，所以我认为，与其注重整体，不如做好细节才比较实际。"他解释道，再次证明"魔鬼在细节里"的重要性。

而这 8 周的迅速建设成品，虽然原为临时展厅，但因为广获好评，即使设计周结束了，还依然得以 Hold 住多一年。该建筑未来会如何，没有人知道，但 Kohn 确实为了人们的欢愉，搞得屋顶建筑也能有让人醉心不已的能耐，确实"北拜"（不错）。

屋顶建筑新意

只应天上有的，戏院
Rooftop Cinema

使用再循环红柳桉木来覆盖整个屋顶，"智能草地"质感如
真的草皮般，却不需要任何水分，减少了额外开销。

地　　点　澳洲·墨尔本
建筑师／事务所　Grant Amon Architects Pty Ltd
行销 & 电影　Hunter, One Productions audio + visual

"这其实是我从纽约盗用的概念。"墨尔本Rooftop
Cinema（屋顶电影院）创办人Barrie Barton不愧地说。
"不过，纽约当地的电影院是在每一晚设立于不同屋顶的概
念，而我主张的方式却是：有效让墨尔本城市内的孩子见识
到，所谓汽车电影院究竟是怎么一回事。至少这里会少了蚊
子。"他笑说。

像墨尔本这样的城市——或许，严格来说应该是"大都
会"——每一天的每一秒都会有新鲜事物发生、有新景致的
崛起。你可以轻松地到城外度假一个星期，然后一回到这里
却会发现，有新的酒吧、商店或者乐团崛起；而上个月的"潮
物"则在这段时间到达了赏味期限。因此才会有像Barton这
一类的"潮流中人"。

潮人办潮点，自然是理所当然的事，他不但在2006年12
月创立了屋顶电影院，本人还是独立出版人，2004年所推出
的"ThreeThousand.com.au"，就是跟紧墨尔本新潮物的网络

乍看以为是平凡的酒吧，这里其实到了夜晚则会成为户外戏院。

日志，在随后的6年内更是扩展到澳洲另外5大城市。而且目前他也只年仅三十几而已！

最酷娱乐设施

　　但一向活跃于电子媒体的他，却为何决定开始经营电影院呢？"在数位的世界里，我们能做到的还是有其局限的——它让另外的三种感官被忽略掉。因为网络上的关系往往都不深，因此人类的互动仍然是重要的。"他解释道。

　　"我认为，我们开发的店面和试验性广告，是我们网志于现实世界里所做的延展。在墨尔本，屋顶电影院就是'ThreeThousand.com.au'的现实版；在悉尼，到The Pond餐厅用餐的人则会留意到这里与'TwoThousand.com.au'相同的幽默感和调调。"（注：TwoThousand.com.au顾名思义，是屋顶电影院的姐妹网站。）之所以会选择电影院作为跨界

来自环境的光线很少，因此影院不受光害影响，而且还因为高楼作背景，增添了额外的视觉享受。

之作，或许与这位创办人背景中曾担任 Moonlight Cinema 的行销总监有关吧。

　　这家已经受著名设计杂志《Wallpaper》评选为世界最酷的娱乐体验之一的屋顶电影院，坐落在极致古老、拥有90年历史的 Curtin House 建筑上。即使每年只在夏天的晚上才开放，却依然成为城中的热门聚点。露天的大型电影院虽然只能容纳近200人次，但却丝毫无减室内电影院的氛围。播放的影片之多元，从艺术片、经典老片到新电影，同样让影迷们看得如痴如醉。不经意地，第一年的营业就迎接了近1.2万人次的到场！

　　屋顶电影院的开业，亦在暑假期间为当地居民与旅客提供了更多元的城内娱乐选择。同时，电影院内的餐厅、酒吧和咖啡馆，也借此销售了更多的本地食品和饮料，为墨尔本的艺术和文化展现出推广的机会。

建筑师Grant Amon的设计保持得相当简单，使用现有的建筑结构为灵感来源。建筑物后方的原始性和工业元素，启发他使用本地生产的再循环红柳桉木来覆盖整个屋顶。

智能性简单美

被 Barton 找来设计电影院的建筑师 Grant Amon，对于屋顶的利用本来就叫好。"在设计方面，我们将它保持得相当简单，使用现有的建筑结构为灵感来源。"他说。这栋建筑物后方的原始性和工业元素，启发他使用价格合理、本地生产的再循环红柳桉木，来覆盖整个屋顶。这实木打造的甲板平台，有效保护屋顶和影院的各项服务设施。

另外值得提起的是，Amon 特别下功夫找来的"智能草

电影院的售票处

地"——每一片草叶都个别内置铁线，以达到最佳的回弹力，达到如真的草皮般的质感，更不需要任何水分来维持，减少了额外开销。

比起在屋顶上建立起新住宅，Amon在工程上似乎有着比较轻松的时刻。虽然他提起，物流的搬运大多数得从底层用起重机吊上来，并且还有，得考虑到其他如酒吧和厕所的空间塑造、现有服务的连接方式、屋顶区的防水材料，以及酒吧区的座位配置法等等的空间规划——这些都不是什么鲜为人见的建筑问题，都乃预料之事。

但他最幸运的地方，反而是来自墨尔本的建筑条例上。他说："墨尔本市议会对这个屋顶电影院的概念，给予了全面支持，并且仔细检查所有建筑、工程和规划法规后，计划

屋顶电影院的开业，在暑假期间为当地居民与旅客提供了更多样的城内娱乐选择。

就开始动工了。建筑条例似乎没有对建筑计划形成太大的困扰。"

　　当然，在大城市中办开放式电影院，难道不会受光害影响吗？"这里其实很少有来自环境的光线，所以我们可以说是受上天的保佑。"Barton说。这屋顶电影院在他的眼中，与传统室内电影院最大差别，就是那无法媲美的、被高楼大厦包围着的气氛。他认为，当影迷到此欣赏如《*Lost in Translation*》（爱情不用翻译）或《*Blade Runner*》（银翼杀手）这样的电影时，便会在整个城市的绚丽夜景衬托下，心境升华到另一种享受的境界。

　　"真的，感受会更加深刻。"他下结论说。

售票亭的屋顶新生
TKTS Booth

世界上最复杂亦最先进的玻璃结构建筑，以地热为基础的加热和冷却技术，让夏天凉爽冬季无冰。地热井中的空气处理系统，亦可改善室内空气。

地　　　　点	美国·纽约
竣　　　　工	2008年
概 念 设 计	Choi Ropiha
建 筑 师	Perkins Eastman

改造前的TKTS售票亭，看似施工中的建筑基地。

128

来到纽约的时代广场，在人山人海、霓虹标志广告牌的争奇斗艳下，唯独这一栋建筑能脱颖而出，丝毫没有被其他的吸睛伎俩给比下去。特别是到了夜晚，当它那结构的内部发出鲜红色的光，让整个建筑笼罩在一股波光粼粼的氛围中，仿佛就像这个不夜城的心脏，不断为川流不息的人群带来新鲜的氧气。

而具体上来说，这个新的TKTS（Tickets的缩写）售票亭改造后，已经成为众人在这个繁忙都会中停下脚步来歇息，以及感受时代广场视觉澎湃的地方。其玻璃及结构确实是充满前瞻性的巧妙构思，竣工后亦成为城市新地标。而功臣之一，却意外地来自世界另一角——澳洲的建筑师John Choi和Tai Rohipa。

TKTS 建筑的最大特色是：一个拥有 27 阶踏步的高度，能容纳超过 500 人的座位空间。

小规模的大巧思

    TKTS 售票亭的历史可以追溯到 1973 年，一个售出百老汇所有剧场当天上映的折扣门票的销售处。当时它还是个非常简陋的"棚子"，坐落在纽约时代广场的北端，一个名叫 Father Duffy 的三角形小广场上，正对着第一次世界大战的英雄之父 Francis P. Duffy 的雕塑。

    为了这广场的重建，以创造全新的时代广场，纽约市首先在 1999 年，以一个堪称纽约城历史上最大的设计竞赛开

在人山人海、霓虹标志广告牌的时代广场里，唯独这一栋建筑的鲜红色泽让TKTS建筑脱颖而出。

启，希望能借设计的力量，将此地变得更受欢迎。这个比赛一共收到来自31个国家的683个参赛作品。而比赛的规则极致简单——当局要求的只是一个小规模的建筑结构，以取代现有的售票厅。

　　但对于John Choi和Tai Rohipa（所组成的建筑事务所为Choi Ropiha）来说，这小小的要求却激发他们将这问题重新构造，将之拓展成为一个更广泛的城市设计，好让时代广场的中央能被振兴起来。他们说："我们希望，TKTS售票亭能够成为一个受欢迎的聚集场所和持久性的时代广场的新标志。"

　　将其设计为一个纽约市的人流主要聚集点，且是备受瞩目的城市剧院，既包含了字面上的意义，又包含了隐喻性的含义。时代广场没有真正供人们观看表演的作为，没有任何极好的标志，没有宣传海报，好像一个没有席位的剧院。两位建筑师的方案的成功之处就在于：融入了城市设计的理念，不但让他们赢得了比赛，还在2007年荣获纽约艺术委员会奖（New York Art Commission Award）优秀设计奖。

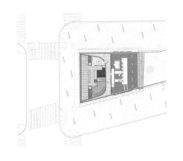

建筑平面图

高科技的设置

在比赛揭晓的两年后，真正进行计划开发与执行的建筑师，则交给了 Perkins Eastman 来评估。受原有概念所启发，他们制定了几种进行手法，最终决定采用21世纪最独特的原料——玻璃来完工。他们将 TKTS 售票亭分为"预制的阶梯状红色半透明玻璃展台"和"位于展台之下的售票处"这两部分的组建。成为建筑最大特色的前者，是一个拥有27阶踏步的高度，能容纳超过500人的座位空间。而为了使这一形态更加有力，层叠的阶梯底部内置了红色LED，点亮时，利用夜晚放射出温暖的光芒，让时代广场拥有更强烈的视觉表现力。

这阶梯的建材采用了特别在奥地利订制的玻璃，拥有三叠层热强化。玻璃阶梯亦被设计得可拆卸，以进行照明系统的维修。阶梯的最高处借由一个大型的悬臂式檐篷来连接，长度刚好能覆

施工进行时

建筑正立面。每天这里的长龙都是来购买百老汇所有剧场当天上映的折扣门票。

盖并保护购票者。这是25条玻璃纵梁，每条28米长，横跨两边的玻璃墙面。该桁梁则由三个双夹层的部分组成，并以"剪接交错"原则排列，有效将强度和透明度最大化，从而大量地减少不锈钢连接体的使用。

除此之外，TKTS的结构截至目前，可说是世界上最复杂亦最先进的玻璃结构建筑。别小看它其实大约只有一层楼高，然而整个照明和机械系统都采用了尖端技术。最贴心的是当中建有五口地热井（geothermal well），承载着水和乙二醇的混合剂，不间断地从450米的地底下循环到地面上的热交换器。

如此独特的以地热为基础的加热和冷却技术，有效让整个阶梯在夏天让人感觉凉爽，而冬天则保持楼梯温暖的无冰状态，让这里成为常年的旅游热点。地热井中亦支撑所有内部结构的空气处理单位，这一空气处理系统，包括高效率的过滤，以改善室内空气质量，让售票人员的工作效率不受影

建筑中独特的加热和冷却技术，有效让整个阶梯在夏天让人感觉凉爽，而冬天则保持楼梯温暖的无冰状态，让这里常年成为旅游热点。

响，亦有效保持售票厅的清洁，减少尘埃囤积。

虽然建筑形态唤起了微妙优雅感，但令人赞叹无比、极致哗然的设计和施工，在建筑师的眼中，却是极为复杂的。特别是要在这个交通极度拥挤的时代广场内进行施工，连他们都称之为噩梦。因此，为了舒缓该案例上的任何潜在不便，并加快施工速度，结构中的机械系统以及整体结构，全都为预制组件，能在几个小时内进行安装。

竣工后的超人气

TKTS在2008年竣工后，Duffy广场所重获的新生，从此让游客也拥有一个与灯光相匹配的公共活动空间，让这时代广场的新标志充满魔力和神奇。就算世界经济处于低迷状态，纽约每年仍吸引了成千上万的世界公民到访，为这个城市塑造出永远高标的超人气，而TKTS也确实功不可没。

彩虹下凡，带感官去散步
Your Rainbow Panorama

休闲之用

屋顶覆盖上环保黄色巴劳木，作为咖啡厅、室外娱乐区兼阳台。环形"彩虹全景"则是如天桥、亦如观景台的设置。

地　　　点　丹麦·欧胡斯

建筑师／事务所　Olafur Eliasson

漂浮在这屋顶的4米高之上，"你的彩虹全景"像悬在城市与天空之间的彩虹。

首先，他在伦敦创造了一个太阳。

然后，他在纽约创造了一座瀑布。

现在，他又给丹麦创造了一道彩虹。

时常描述自己为"现象生产者"的丹麦艺术家Olafur Eliasson，在"Your Rainbow Panorama"（你的彩虹全景）作品中，复制了自然界的彩虹现象，并将之化作全长150米、宽3米，由全色系光谱组成的环形空间。位于丹麦的阿罗斯欧胡斯美术馆（ARoS Aarhus Kunst Museum）屋顶上，这空间直径52米，并有一部分跳出美术馆的边缘，充斥一丝的惊险性，挑战着观者的心理——但究竟这是件艺术作品？还是该称之为建筑呢？

缱绻云上与城市间

当然，在进入如此学术性的话题时，自然得先细看，以体会这空间的巧思。从电梯（或楼梯）抵达美术馆的最顶楼，占地约1500平方米的屋顶如今已覆盖上FSC认证的环保黄色巴劳木，让这原本"无用"的平台成了一个独特的咖啡厅、室外娱乐区兼阳台。而"你的彩虹全景"，则漂浮在这屋顶的4米高之上，像悬在城市与天空之间的彩虹。然后沿着楼梯往上爬，便能进入这如天桥、亦如观景台的设置。

整个结构以12根柱子支撑，安置在屋顶阳台表面下的负载分配钢架上。这钢架则在四处连接着美术馆的建筑上，为求抵抗风压，使整个结构稳固。作为永久性的设置，需要常年四季都能迎宾，"你的彩虹全景"也拥有自然通风的功能，因为地板和天花板都内置了小型的通风控制系统，因此能抵挡炎热天气，亦经得起任何震动。屋顶阳台可容纳290人，而展览空间则可容纳150人。

"你的彩虹全景"让城市的不同景色有了全新的色彩，有助于发展出建筑和视觉艺术之间的全新了解。

采用了承重中度层压玻璃制成，当中每一种颜色的呈现，皆来自两块12毫米的玻璃层中插入的彩色折纸。在经由"热增强"的夹层处理后，色彩则永久被包裹起来，在反射出彩虹的所有色彩之际，也不会因日晒而褪色。虽然"戴上有色眼镜"是有其贬义，但是，这回慢慢游走于赋予色彩的空间内，远眺各个不同的城中地点，却提供了让人意想不到的观景体验。

艺术v.s.建筑

当代艺术与建筑其实早有着共生的关系。它们会彼此对话、重叠，甚至相互依存，就如宗教借由教堂、寺庙和清真寺传递信仰体系，而政府则通过立碑来表现力量，艺术也常常通过建筑来融入日常生活。因此艺术家有时会应用建筑技

巧——同样的，建筑师也会创造艺术品——进而让他们的设
计案列入了学术性的规范内，以参与更广的美学语言。"蓝
天组"（Coop Himmelb[l]au）建筑事务所的 Wolf Prix，就曾
在2008年的威尼斯双年展说过："如果一位建筑师并不想以
他的设计改变世界或社会，那他永远将只是个建筑工人。"

　　2007年，当Eliasson最终赢得这栋屋顶建筑设计竞赛
后，评审团亦表示他们的决定乃完全一致，宣称："该设计
优雅地满足了竞赛的目的，也就是将屋顶表面转换成一个独
特的艺术和建筑元素。该设计创造了一个非常美丽的、诗意
的空间，并将城市全景和独特艺术性的建筑层面进行了结
合，同时有助于发展出建筑和视觉艺术之间的全新了解。与
此同时，也为ARoS和欧胡斯市创造和创立了一个强而有力
的形象。"

欧胡斯的新地标

　　当艺术与建筑进行融合，结果可能会是超自然的。特别是，"你的彩虹全景"也同时为该博物馆的建筑设计初衷画下了完美句点。原有的建筑概念来自于文艺复兴时期诗人但丁的故事《神曲》，这是个关于地狱中的9个阶层，以及从炼狱山往天堂之旅的故事。在ARoS的这项展览中，

"你的彩虹全景"是全年无休的"自然现象"，
到了夜晚更是灿烂得耀眼。

建筑内的地下室就分成9间客房，代表地狱；随后人们通过的画廊则为炼狱山；最后到达屋顶上的彩虹全景，则是天堂的完美象征。

　　Eliasson自称，"你的彩虹全景"建立了一个与现有架构之间的对话，加强了已经存在的，也就是整个城市的景致。"我所创造的这个空间，几乎可以说是删除了内部与外部之间的界线——这个地方，你将会面临一个有点不确定的状态：究竟你是否在鉴赏一件艺术作品，还是成为博物馆的一部分？这种不确定性对我很重要，因为它鼓励人们去思考和感觉那些超出他们所习惯的限制。"

　　最终人们该怎么看待这屋顶的空间？每个人的诠释方式或许有别，但不管它是件艺术还是建筑，最为享受的永远是感官。

休闲之用

居酒屋 "升" 华版
Nomiya

外形试图创造一个通风、透明、浮动的整体
印象，内部则采取了极简的设计，也遵循了
居酒屋的"小而美"精髓。

地　　　点	法国·巴黎
竣　　　工	2009年
建 筑 面 积	63平方米
建筑师／事务所	Laurent Grasso & Pascal Grasso

　　人们可以用很多字眼来形容巴黎的东京宫当代艺术中心（Palais de Tokyo）屋顶上的Nomiya——艺术、装置、餐厅，乃至旅游景点。而确实，这空间含有"麻雀虽小、五脏俱全"的特质，要一时将之定义并非易事，但说Nomiya是"屋顶建筑"，则绝对是无可否认的事实。

　　巴黎人对于东京宫屋顶上设立新建筑的方式并不陌生。早在2007年11月，其屋顶就被Hotel Everland酒店给"暂住"。仿如真实版的《霍尔的移动城堡》，这临时酒店也在翌年挥别了巴黎，让全新的Nomiya代替。而这次的建筑在美学上，一开始就让人叵测其功能。它日间寻常的如货柜似的，静止不动；到了夜幕低垂，却在空中扩散着紫色光芒，如浮幽般蓄势待发，视觉感叫人直呼震撼。

不管到访 Nomiya 的目的是什么，当透过全玻璃制的结构看见塞纳河畔和巴黎铁塔的全景时，就足够值回票价。

居酒屋美景

　　Nomiya 的开发概念如其名，来自日本的居酒屋，因此该空间的主要功能，是一个让 12 个人共进晚餐的地方。但不管到访者的目的是什么，当透过全玻璃制的结构看见塞纳河畔和巴黎铁塔的全景时，就足够值回票价。而如果是选择在晚上到此的话，则能体验到另一层面的氛围：位于空间中央的部分，建筑师采用了穿孔式金属立面，并借着内置的 LED 照明系统让色彩不断地变化中，就仿佛置身在微型的北极光内，很是迷幻。

　　"我们试图创造一个通风、透明、浮动的整体印象。"负责这项建筑概念的艺术家 Laurent Grasso 说。他和建筑师兄弟 Pascal Grasso 一同打造的这个结构，长18米，宽4米，高3.5米，重22吨。所有组建乃预制于法国北部的 Cherbourg 船厂，并在完成后分成两个部分，一起运到巴黎，然后到了博物馆后，以起重机吊上屋顶去进行安装。物流处理上相当简单。

而结构的内部装潢，则是采取了极简的设计，大部分以白色 Corian 家具和灰色木地板完工。"那些对我影响最大的人往往是艺术家，例如 Donald Judd、James Turrell、Dan Flavin……"负责建筑设计的 Pascal 说，"他们的影响可以从我设计中的简单和极简中看出，而事实上，我总认为轻盈是一种材质。（它所打造出的）形态和建设中总是有一种严格性。"

问及他们俩是否曾面临困难时，他们都没有否认说，每一项计划都有其挑战性，往往都需要很多劳力、经验和想象力。"我们一开始先在完全没有考虑到'这计划的短暂性'的前提下设计，因此我们才能有效找到解决方案，以进行我们想要做的事。"Laurent 说，"我们希望到访者能在此经历一个神奇的时刻，即便不理解该设计的技术方面，也无所谓。"

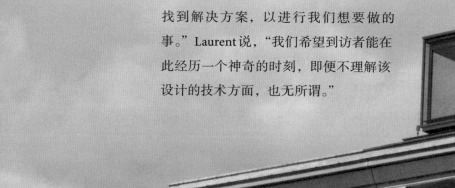

艺术新殿堂

在过去的十多年里，Laurent Grasso 总是能采取类型各异的原料和技术，以创造出能协助大众突破先入为主的观念，进而超越所预期的作品。

他说："我的基本想法，就是创造拥有强大叙事潜力的环境。我的作品总是从现实出发，而我所寻求的是，生产一种不精确的区域。因此我会采用许多不同的媒介，如影片、摄影、装置、建筑、雕塑和霓虹等来创造。"因为每一种不同的原料都拥有自己的特质，他进而有效建立起他独有的概念，即便其目的是为了在观者的心里创造困惑。

这一点与坐落在巴黎、充满历史性的16区的东京宫非常相似。自开张以来，这一座当代艺术中心所展示的作品，往往来自各种不同风格的代表作，从抽象到极简主义，甚至还有各式电锯雕塑、僵尸、变形体和成衣作品等等。它在当代艺术范围内，提供人们一种较清新、豪放的观点。展示的作品也尽可能地从艺术家本身的角度作出发。因此，让Laurent Grasso全程发挥创意的设计成果，也使得Nomiya自2009年6月开张以来，拥有了一票难求、座无虚席的"夯"情。

选择在晚上到此，就仿佛置身在微型的北极光内，很是迷幻。

餐前与餐后

Nomiya每天在早上10点（巴黎时间）开业时，才于网站上公开其餐厅的订位，而且时间点为一个月后。所以不管是任何人，都必须要每天于电脑前等待，并随后体验秒杀的过程。而这样的临时性餐厅，虽然听起来很哗众取宠，但找来前Mac / Val当代艺术博物馆的Transversal餐厅创办人兼经理、名厨Gilles Stassart掌管菜单，则是让餐厅拥有了值得一尝的噱头。况且Stassart最拿手的就是"艺术性"装盘的菜肴，即便菜色每一天都不同（这注定无法讨好挑食的人），到这里用餐也俨然成了展览的一部分。

当然，比起早前Hotel Everland的独自享乐主义，Nomiya则算是"正式餐厅"，

中）坐落在巴黎充满历史性的16区的东京宫之上，日光中的Nomiya，亦像是件极简主义的艺术品。

左右）Nomiya只有12个位子，采预约制，让人们往往需要与另外11位陌生人共进午／晚餐。难怪这也是一种表演艺术，展现欢乐的行为。

也遵循了居酒屋的"小而美"精髓。只能用预约的12个位子（一人大约需要60 — 80欧元），让人们往往需要与另外11位陌生人共进午／晚餐。难怪Laurent会说，这用餐时间也将成为一种表演艺术、一种欢乐的行为。

"我丝毫不在乎这是否被定义为一家餐厅。"他说，"创造这样的体验，特别是在东京宫的屋顶上，并加上其有趣的建筑和厨师的创造力——这绝对是一项艺术品。"确实，对于谈及任何关于餐饮都敏感的这位法国艺术家而言，Nomiya依然是一项计划、体验或装置，绝对不是建筑。"我觉得建筑，只是传达这计划的媒介。"

而这一"媒介"也在2011年4月正式结束。问及Laurent是否对这计划的曲终有所不舍，他说："Nomiya必定得是个临时装置。我相信，让这个计划在其他地方，以不同的形态重新被立起，才会有趣。"所幸，这概念原本就是家电品牌Electrolux的"艺术之家（Art Home）"屋顶建筑系列，亦会在世界其他国家持续下去。下一摊的新餐厅目前已在德国立起。而Nomiya的功成身退，也早成为屋顶建筑餐厅版的先例与新指标。

梦一般的屋顶"食"尚
Studio East Dining

成品全数借用施工现场的材料。墙壁和地板采用再生木材，雪白呈半透明的外形覆面材料，不但百分百为绿色建材，还能回收再利用。

地　　　点	英国·伦敦
竣　　　工	2010年
建 筑 面 积	800平方米
建筑师／事务所	Carmody Groarke

这栋由2007年"Building Design UK"最佳年轻设计师得主Carmody Groarke建筑事务所设计的餐厅，设计成品呈放射状，远看像雪花，近看则会发现与众不同的建筑手法。

　　东伦敦正在崛起。这个曾经是伦敦较荒芜的地域，自从被选为2012年奥运的主办会场地之后，各类发展计划便迅速地展开，除了有奥运的重点建筑，还包括了欧洲最大购物商场Westfield Stratford City。从其名就应该知道，这一"城市"是多么庞大——总面积达190万平方米，耗资1.45亿英镑，将容纳大约300家时尚品牌的旗舰店。

　　对于所谓的购物商场，似乎大部分城市公民都见怪不怪。那除了面积大以外，Westfield Stratford City还有什么特色呢？其中之一应该就是：他们成立一个名为Studio East的文化委员会，找来零售业大师Mary Portas主导，并将通过4个主要领域，赞助各行创业人士于此地作各类展出。而Studio East Dining这家餐厅就是这个工程中的首个艺术项目。

"快闪"餐厅的壮丽

　　比起巴黎东京宫上的Nomiya（参见第142页），Studio East Dining的赏味期限更短，只有三个星期，仅仅2千名幸运儿有机会到访这引人注目的"快闪"式餐厅。虽然这餐厅坐落在Westfield Stratford City仍然施工的建筑屋顶上，却因为首次让人们处于35米的半空中，窥见伦敦奥运主会场，还有一旁由Zaha Hadid设计的游泳中心，所以即使环境再简陋，也有非常独家的"食尚感"。

　　这栋由2007年"Building Design UK"最佳年轻设计师得主Carmody Groarke的建筑事务所（由Kevin Carmody和Andy Groarke组成）进行的设计，成品呈放射状，远看像雪花，近看则会发现这重达70吨的结构，乃全数借用了施工现场的材料，包括两千件脚手架板、三千五百件脚手架杆，另

与外观的雪白相比，餐厅的内在采用了再生木材建造主要墙壁和地板，塑造出占地800平方米的用餐空间，而且（右）还有置放了一台钢琴，提供娱乐功能。

外也采用了再生木材建造主要墙壁和地板，塑造出占地800平方米的用餐空间。另外，雪白呈半透明的外形覆面材料，则是来自工业级的热伸缩聚乙烯，不但百分百为绿色建材，还能回收再利用。同样的，其他建材也将在餐厅结业后，归还给业主，丝毫没有制造任何废物。

半包厢式的用餐区里，每一片"雪花瓣"皆为一张长形餐桌，虽然被分解成为几个部分，但因为所有的空间都被连接在一起，中央还有一台钢琴，进而打造一个公共的就餐体验。这些空间的格局将靠地板加强众人的印象，创造一个千鸟格的效应。

若从各方向观看这餐厅，便会发现，这里其实有着"没有正面或背面"的构造——就像一个接龙游戏——外部的阳台框起了迷人的伦敦大都市景观，人们因此可在这环环相扣的空间里游走，进一步达到衣香鬓影的社交式惬意。

到了晚上，整个结构将会发光，使得室内活动的剪影和轮廓反映在墙上，创造一个在伦敦的黄昏时分里、引人注目的天际线。"作为建筑师，我们所感兴趣的是，每个设计案如何可以从自己一套独特的情势中发展。而这一个案中，餐厅的性格则从Bistrotheque概念中延伸出来，以打造一个独特的用餐体验。因为建在屋顶边缘，奥运会场的壮丽则能一目了然。"建筑师们说。

创意新格局

说到Bistrotheque，就不得不提及这个与其创办人Pablo Flack和David Waddington画上等号的餐厅。两者亦为伦敦"快闪"餐厅的始祖。所谓的"快闪"即"Pop-up"——主要是指临时性的铺位，供零售商在比较短的时间内（若干星期）推销其品牌，抓住一些季节性的消费者。而这原本在时尚业中常见的行销模式却被他们"借"了过来，成功打造出至今最让人津津乐道的餐厅概念。

他们俩负责过的"快闪"餐厅还不少，值得提起的是2006年的The Reindeer，预料之外的，在营业期仅仅23天内就赚进了7位数的盈利，堪称奇迹！《星期日泰晤士报》还

坐落在欧洲最大购物商场Westfield Stratford City的屋顶之上，不远处就是2012年奥运的主办会场地。

称："他们重新创造了外出用餐的模式，以配合新一代的风格和能量。"

而自他们与Carmody Groarke合作过餐厅The Double Club后，便一直探讨并寻求下一个合作方案。先前，他们皆共同设计了不少临时的艺术／娱乐场所，包括适逢2008年的伦敦建筑节，建于大英博物馆内的The Skywalk临时展厅。而多次的密切合作，Carmody Groarke两人更是发展出一种形式和内部安排，有效提供"用餐体验"以及"厨房所需"这两大服务。因此来到了这次可容纳120位客人的Studio East Dining，Carmody Groarke更似乎以不费吹灰之力，便幻化出雅致的建筑美感。

"当Westfield委托我们，说要在其Stratford City施工筑地的建筑屋顶上设计一些东西的时候，我们立即认为Carmody Groarke将会是绝佳的合作伙伴，并决定，这一个

近看的 Studio East Dining 结构，会发现这重达 70 吨的结构，乃全数借用了施工现场的材料，包括两千件脚手架板、三千五百件脚手架杆。

结构应该采用工地附近常见的原料。这样一来，在赋予建筑独特设计感的同时，也与背景相当匹配，这将使得它拥有真正的标志性。这是'快闪'类别中的劳斯莱斯。"Flack 说。"而且因为位子是先到先得，因此谁都有机会预定，只要你知道时间和地点即可。这就是一种民主的独家性。"Waddington 补充说道。

至于菜单的部分，Bistrotheque 餐厅的主厨 Tom Collins 依然是最佳的选择，他说："Studio East Dining 的菜单是一组最适宜一起分享的菜肴。它充满着新鲜、现代、干净的风味，从清蒸鲈鱼、水煮鸡、芦笋、蚕豆和海蓬子都包括在内，特别将夏季的食材作最好的应用，希望能囊括英伦夏季餐点在此凝聚。"

一场设计一场梦

Studio East Dining 的建造，其实除了有一种"近水楼台先得月"——环看奥运会场的景观是难买的，而且这屋顶的未来将被作为停车场后，也就没有了餐厅的悠闲气氛。有别于 20 世纪 70 年代酒店中的旋转式餐厅，这里的景致即使再壮丽，也不会篡夺用餐体验。相反的，该形式却会因为户外的荒凉性，进而创造一种强烈的私密感，好像这里是鲜为人知的秘密基地。但当这建筑被拆除后，就不再遗留任何痕迹，仿佛一场梦境般绮丽。不过至少，这是一场曾经令人"饱足"的好梦……

实木叠叠乐
Metropol Parasol

Chapter 3 | **3-06**

休闲之用

整体结构上所应用的实木组件，先以高性能聚氨酯树脂涂层，这样就不怕热晒，也能防水。本案可能是使用黏合技术的最大型建筑。

地　　　点	英国·伦敦
动　　　工	2004年
竣　　　工	2011年
计 划 建 筑 师	Jürgen Mayer H., Andre Santer, Marta Ramírez Iglesias
建筑师／事务所	J. MAYER H. Architects

走在"阳伞"上的屋顶步道，却因为不需要任何安全措施，让人近距离地接触到那叹为观止的建筑细节，亦能以全新视野，感受这座古城。

154

说它是建筑，不如说它是童话的延伸。

那一片片如积木式的排列，仿佛是巨人所拼贴出来的蘑菇。但这世界上最大的木造建筑物，却是一把"都市阳伞"——Metropol Parasol——是建筑师 J. Mayer H. 在参观了西班牙塞尔维亚（Seville）的教堂后所激发的灵感。

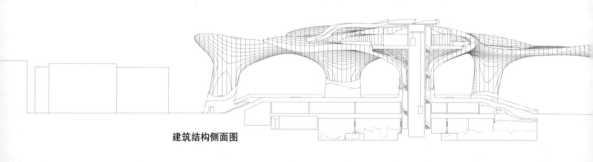

建筑结构侧面图

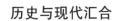

历史与现代汇合

　　但该建筑的来龙去脉可是极其让人津津乐道的。话说原本建筑的现址 Plaza de la Encarnacion 广场一开始先被当局规划为停车场，但在施工期间却挖掘出罗马古文物，于是在当局决定把这里变成博物馆和社区中心后，新的建筑计划案才出现。

　　"在 2004 年，我们（的设计）终于在竞赛中胜出。我们的想法就是：希望能为塞尔维亚创造一个 21 世纪的新城市空间。"Mayer 回忆起说。因为需要是一个建立在这罗马遗址上的结构，所以为了尊重古文物的存在，设计亦尽量让建筑结

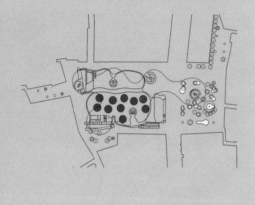

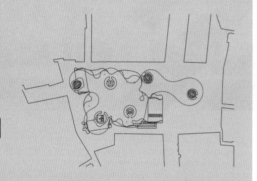

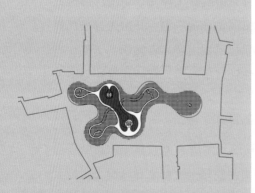

建筑平面图

构远离古文物，让其不受干扰。建筑师最终在决定采用两大柱子作为建筑支撑的时候，之间的差距则需要相当伟大的工程来弥补。从这严峻的条件中，柱子就被设计得仿佛像是蘑菇的躯干般，有效承载足够的电梯和楼梯设施。

还有，"本来我们设计中的立体阳伞建筑形态，需要被转换成为一个能够被具体化的结构，因此我们决定开发一个 1.5×1.5 米的几何网格。"这些木材组件，在电脑程式下被规划后，就被发送到木材公司去预制，然后才被组装成为"阳伞"。

花上了约6年的时间才完成，看见成果的有机形态，与周围中世纪风格的建筑形成了鲜明对比，等待是绝对值得的。或许，能够有如此新颖想法，是基于 Mayer 他本身出道时原为一位艺术家的背景。往后，当他成为建筑师，其设计项目中，对空间内的人为因素，都有着不寻常的处理方式。

"都市阳伞"是世界上最大的木造建筑物，也同时可能是使用黏合技术的最大型建筑。

Mayer的建筑中总夹杂着艺术和雕塑元素——往往这是被很多建筑师所遗忘的。他发觉艺术和建筑其实颇为相似，都和人与空间的相互性有关。加上电脑的辅助设计和施工，他的建筑总是有着复杂雕塑般的形态，而"都市阳伞"中亦毫无一处有着相同的部分，可谓独一无二。

永续的木造建筑

尽管如此，作为世界最大的木造建筑物，其永续性也成为世界的焦点和争议。"我们确实考虑了非常复杂的参数，

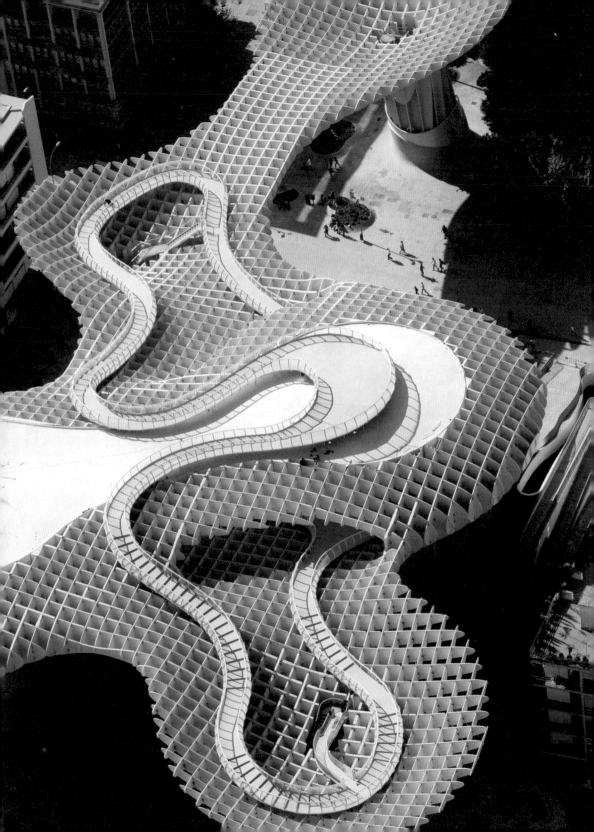

如预制性、维修、成本、寿命、火灾、地震和交通负荷、温度反应等。最后仍然总结:实木为最佳解决方案。"他说,"建筑技术在过去几年中已经经过了相当多的改进,像我们使用的层压木,如今也已转化成高科技材料了。"

当然不简单的是,"都市阳伞"也同时可能是使用黏合技术的最大型建筑。整体结构上所应用的实木组件,先以高性能聚氨酯树脂涂层完工,这样一来,该建筑就不怕热晒,也能防水。而所有的钢筋关节,则以一种特殊的胶水连接着这些实木块,目的是为了将关节的力道转移到四周的建材上,来达到均衡。这在建筑师的观点中,比起实木的应用,更是建筑比较创新的部分。

现在的"都市阳伞"除了地面上的开放式公共广场,下方则有博物馆和超市,营造出一种当地居民和游客齐聚一堂,一起进行参观、活动的奇景。而且这宏伟的结构顶上,还设立起步道,供大众到访,以远望了整座塞尔维亚城市。"对我来说,这里总是有一种诱人的氛围,就好像是站在云端、鸟瞰城市一样。"建筑师说。

或许类似这样的屋顶步道并非新鲜事——米兰大教堂(Duomo di Milano)、悉尼大桥、斯德哥尔摩的 Upplev Mer 等,都是旅游热门景点。但走在"阳伞"上的步道,却因为不需要任何安全措施,让人有近距离地接触到那叹为观止的"叠叠乐"建筑细节的可能,反而有另一种窥探建筑大师杰作的怦然与心动。

鸟瞰"都市阳伞",是那么的壮观!

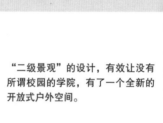

3-07

富士山下，二级景观
Secondary Landscape

休闲之用

将屋顶建筑视为新的装修方法，就是环保。前提是，要有效地为旧楼作翻新，在不需要完全拆毁的同时，并增加新价值。

地　　点	日本·东京
竣　　工	2004年
面　　积	68平方米
建筑师／事务所	Masahiro Harada + MAO / Mount Fuji Architects Studio

"二级景观"的设计，有效让没有所谓校园的学院，有了一个全新的开放式户外空间。

当搜索关于"富士山建筑事务所"的作品时，大多受瞩目的是原田真巨集（Masahiro Harada）和原田麻鱼（Mao Harada）这两位创办人兼夫妻档的住宅设计，因此会接下如Secondary Landscape（二级景观）这样的属于屋顶建筑的艰难任务，应该是他们的第一次。

坐落在东京涩谷区，一栋有40年之久的历史建筑屋顶上，所谓"二级景观"的设计，乍看像是Formwerkz建筑事务所的Maximum Garden住宅屋顶（参见第58页）——同样以倾斜实木表面来完工。但是比起新加坡Maximun Garden的地广，这里的地形则是有着天壤之别的差距。"的确，该筑地是在建筑物的屋顶，所以它几乎像在空气中进行建设。"建筑师们笑说，"这里没有足够的工作空间，也没有放置大量建材的余地。此外，承包商也不被允许在这个市区中吊起建材太多次。他们在这物流的安排上，似乎挣扎了许久，才得以执行该计划。"

不过，这话语中，似乎并没有让人感觉到一丝的畏惧或迟疑。对于这两位六年级的年轻设计师而言，交给承包商来搞定就可以了。即使碰上了往往较棘手的屋顶建筑条例规则，也轻易地化险为夷。他们透露说："关于屋顶建筑的法律，并没有那么完善的监管。承包商对于这样的法律问题采取了主动性的交涉，但细节上我们也不完全了解，只听说，他们将这计划作为一项'屋顶广告塔'的方式来处理。"

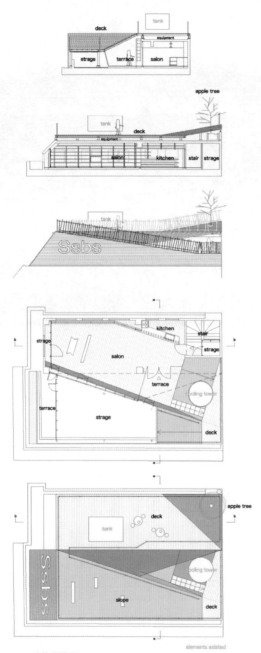

建筑设计图

究竟是上天保佑的好运所致，还是纯粹拥有精明的社交选择？从他们的工作步骤中所反映出的现实，应该是属于后者。

精明选择的好运

首先，得从建筑计划的最初开始说起。"我们得到了一个美容学院校长的委托，为其建筑物屋顶上的一个仓库进行改建成为图书馆的计划。"他们说，"因为这栋建筑位于日本人口密集的区域中，也没有所谓的校园，所以我们提出，可以在这个地方建设一个开放空间来代替。因此，最终整个计划就像介于建筑和公园之间的设计。"

但问题是，现有旧建筑在结构上有点不太精准，并且还有许多仪器分布在各处。因此在设计方面，他们明白到，需要通过多边几何形状的设计，才能塑造出这一新的空间，好让它能触及现有建筑物的每一个点。设计图届时像极了多边形的山丘，绝对能

施工进行时

成为城市中的新"景观"。在解决了设计部分后，接下来的问题则是在选材方面。

　　建筑师俩人得知承包商所面对的物流问题，就自然要在运送管理上简单化。"我们决定只采用单一的实木原料（西部红雪松）来覆盖所有新的空间表面，包括地板、墙壁和家具。"他们解释道。这实木不但具有高忍受性以及不同变化性的粗糙纹路和颜色，这些特质似乎适合市区屋顶的情况。此外，借由购买大量相同的建材，将能大量降低成本。"虽然我们不记得准确的数量，但大概也只有一小货柜那么多吧。"

原有屋顶下的图书馆空间也进行极大的改造，成果是采光极佳、拥有实木地板与墙面的空间。

而为了再减轻承包商的负担，屋顶上原有的仪器如水塔，则是保留了下来。（可以想见，若要在闹市中将它吊下来，将动用多少人力和时间！）"这个物体看起来像一个被废弃的登月太空船，我们觉得它挺漂亮的。保留它也同时让整个设计有了一种景观式的个性和特色。"他们说。

如此周详的安排，不但让他们在一个月内将建筑设计好，承包商也只用了一个月作准备；而最让人难以置信的，或许就是真正的建设工程，只用了非常短的时间——20天就竣工！再好的运气，应该也无法改变管理上的精明度吧。

二级景观的绿意

虽然，问及建筑师们为何不进一步在这屋顶上增添绿意时，其回答则展现出他们对环保或"绿色主义"的不同观点。他们认为，若将屋顶建筑视为一种新的装修方法，就已经是极其环保的。

当然前提是，这样的屋顶建筑

踏出图书馆，便能抵达屋顶。

需要有效地为旧楼作翻新，在不需要完全拆毁的同时，增加新价值，并同时还能作为建筑的第二层屋顶——从而最大限度地减少热量的流入和降低空调负荷。

他们继续说："在像东京这样的大都市，自然景观往往都被建筑物覆盖得几乎看不见。即使人们在街上散步，感觉亦像在室内空间一样。户外空间仍然有短缺的问题。"当建筑师主要被预期从地面上建立起结构时，他们却借此特殊计划，在建筑上打造出一块土地，因此建筑师们才会设想将屋

选材时，建筑师决定只采用单一的实木原料来覆盖所有新的空间表面，是因为它具有高忍受性以及不同变化性的粗糙纹路和颜色。

顶设计命名为"二次景观"。"这样的建筑能提醒市区居民，只要置身于屋顶中，就能享受到自然的元素，如广阔的天空，不受限制的阳光，以及迎面的凉风。"

不过对他们而言，最难忘的时刻，应该还是向业主提出设计图的时候。"当我们提出设计时，而他立即赞好的那一刻，我们自己也被他感染而感到非常亢奋。"他们说，"那也是身为建筑师的我们的概念，与他作为教育家的新理想合一的时刻。"

相信有了这样的"人和"，屋顶建筑计划所面临的其他问题，都只是过眼云烟吧。

"二次景观"被寄望能提醒市区居民，只要置身于屋顶中，就能享受到自然的元素，如广阔的天空，不受限制的阳光，以及迎面的凉风。

浪花屋顶，青年之家
Maritime Youth House

本来是工业区的排水渠和垃圾堆之处，一变而为风帆俱乐部停泊船只的空间，以及让孩子拥有户外活动空间的青年之家。

地　　　点	丹麦·哥本哈根
基 地 面 积	2000平方米
竣　　　工	2004年6月
建筑师／事务所	JDS ARCHITECTS
	BIG（Bjarke Ingels Group）

Chapter 3　3-08

休闲之用

　　坐落在哥本哈根码头比较破旧的Øresund Sound区域，这里隐藏着"众人皆知"的黑幕——大约100年前，该地区本来是Amagers工业区的一部分，主要用作为排水渠和垃圾堆。而自20世纪20年代起，这里则逐渐变成为休闲之地，促进了Amager Strandpark公园的形成。

　　到了20世纪90年代后期，当地居民便开始要求说，要在此腾出的一块空地内，建立起一栋青年之家，旨在让帆船俱乐部以及让当地青年，能在放学后到此聚集和进行户外活动。当然还有需要解决的是污染的问题。三重的目的，为这建筑计划蒙上了多层次的难度。但好在能解决这一设计问题的新势力，亦正在此刻崛起。

揣摩出浪花澎湃的外观，"海上青年之家"的屋顶是绝佳的滑板乐园。

丹麦当红炸子鸡

曾经在著名的OMA建筑事务所工作时认识的两位建筑师：丹麦籍的Bjarke Ingels以及比利时籍Julien De Smedt，在2001年退出OMA后正式创立了PLOT建筑事务所。深信"如果有故事情节，建筑将会是容易的——不然，自创情节则更绝佳。"

以"情节"作为事务所之名称，可以很好地解释他们的设计哲学和运作模式：由情节联系的一系列事件才能成为一种叙述。每个事件都有它自身的洞察力、戏剧性和美感，但是脱离了情节，它们只能成为互相孤立的部件的堆积。孤立来看事件，似乎是随机并无意义的，但是联系起来看，他们在超越的意志中达到高潮。

在创立事务所的初期，他们就曾以Water Culture House（水舞间）的设计赢得了一次设计概念赛的竞标。而两年

完工的木质外观，反映出户外活动在这青年之家有着主导地位，建筑真正的"房间"就是室外的活动平台。

后，当初比赛的赞助商"体育设施基金会"则向他们接洽，为他们带来了一个真正的计划案——Maritime Youth House（海上青年之家）。但不幸的是，现实跟设计概念却有着天壤之别的残酷性。

雅致的解决方案

Maritime Youth House 的筑地虽然不大，占约 1600 平方米，但地面下却全是受当年工业区影响的污染。起初，业主希望能以计划总预算的 25% 来清理筑地受污染的土壤。但最终建筑师们发现，土中的污染乃属于稳定性的重金属，如果污染物没有渗出地面，就不需要清除。对于他们而言，那确实是让人印象深刻、甚至可以说是松了一口气的时候。

如此一来，他们才能将所有资金直接用在建筑上，而不是无形的废料；省出盈余的预算，也因此让他们有能力采用木料作为覆盖屋顶的建材。但或许重点还是：如何以设计来创造两种不同要求之间的联系——可让风帆俱乐部拥有足够空间来停泊船只，而青年之家则拥有户外空间让孩子活动，这明明是矛盾的元素，又怎么可能结合呢？

PLOT的情节叙事理念因此就派上用场。看他们的设计图显示其过程，可以想象他们不断玩弄着鼠标，先将建筑的屋顶一角"拉起"，塑造出帆船的储存空间；另一端靠海畔方向也被升起，成了一个可以观赏海港的瞭望台；下层则为青年之家的办公室。其余的中央地带就宛如开放式庭院，而在上下层的陡峭连接后，那揣摩出浪花澎湃的外观，亦是绝

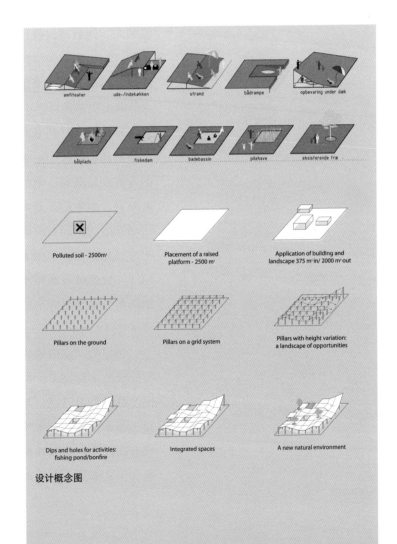

设计概念图

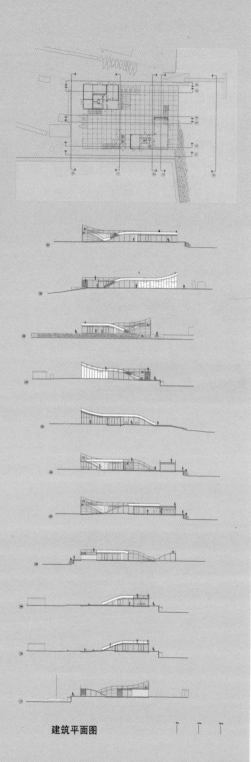

建筑平面图

佳的滑板乐园。

Ingels说："是因为有两组对比元素的碰撞，才创造出开放的设计。"也正是建筑所产生的这种张力，才得以展现出建筑师们的设计功力。De Smedt声称："我们总是寻找所有不同的、却能同时从中受益的人，然后将这些元素添加入原本的计划，因为冲突的需求迫使你需要超越你正常的操作手法，所以会开辟出更多预料之外的可能性。"

将焦点转移到室内，虽然看似十分简朴，但其中一大特点就是：前方的办公室和后方的工作室有极大差别。因为前方是大部分的日常活动发生的空间，需要比较华丽鲜明的感觉，因此采用了白色的水泥地坪和白色的石块做建材。后方的地板部分则是以标准的灰色水泥地坪来完工。

明显的，室内地板的坚硬表面与外观的木质完工，也是极大的对比，甚至还可以说，与通常外硬内软（即木质室内、水泥外观）的处理有所反常。这反映出户外活动在这青年之家有着主导地位，因此建

上）建筑的屋顶一角"拉起"，塑造出如帆船般的储存空间。而建筑另一端的办公室空间（左），则以极致简单的装潢来完工。

筑的真正"房间"就是室外的活动平台。它也同时涵盖所有的活动，不管是室内或室外。

撰写自己的情节

在建筑师的设计下，海上青年之家彻底成为一个共享空间。De Smedt 说："当把全然控制的手放开，建筑计划便会受到嵌套在这个城市的社会、政治和商业势力的大量能源和

靠海畔方向的升起部分，成为一个观赏海港的最佳瞭望台。

意图给推进，而我们的创意则在设计过程中为建筑刻画出情节，让所有元素结合起来……建筑师不是一位根据自己的欲望或天分来塑造体积的艺术家，而是一位进行协调、联合以及编辑社会不同的愿望和需求的策划师。"这意味着，PLOT往往需要重新规划现有的情况，写出他们版本的情节。

虽然PLOT可惜地在2006年解散，但两位建筑师各自的发展也已经开创出自己的一片天（De Smedt的后续计划

　　"Birkegade空中花园"亦遵循了屋顶建筑的概念）。但海上青年之家即使外形再受注目，也得要与其功能的无间和谐才能达成任务。

　　想到"顾客永远是对的"这句话，于是便询问建筑师们，可否知道孩子们对建筑的满意程度。De Smedt说："我看见每个人都玩得不亦乐乎，所以我想反应是挺正面的。"或许，这应该就是这段故事情节的完美句点。

在屋顶上自由奔跑
Fuji Kindergarten

宽广的花园非常完美，榉树的遮阴感不错，重建的椭圆形平面屋顶让幼稚园的面积增倍，也保存了这些美好的事物。

地　　　　点	日本·东京
竣　　　　工	2007年
基 地 面 积	1304.01平方米
施　　　　工	株式会社竹中工务店
创 意 总 监	佐藤可士和
建筑师／事务所	TEZUKA ARCHITECTS

说到"Fuji幼稚园"，或许众人对这里的印象，来自于其创意总监——佐藤可士和（Kashiwa Sato）。这位同任优衣库创意总监的设计大师，一开始就认为："幼稚园本身就是大型玩具！"因此在为这所幼稚园设计了校服、标志还有整体形象时，便以洋红与湛蓝此种鲜艳的颜色，配合由积木所拼出的小朋友造型与手写风格的LOGO文字，创造出充满童心的抢眼设计。

然而，同样重要的，还有他找来设计这栋新建筑的两位功臣，手冢建筑事务所的手冢贵晴（Takaharu Tezuka）和手冢由比（Yui Tezuka）。

秉持着"建筑影响人类生活及社会活动"的理念，他们俩携手打造这所幼稚园，其中最受瞩目的特色，就是拥有周长200米、占地约500坪的椭圆形平面屋顶，不但被用作为孩童的活动区，亦将幼稚园的面积增倍，彻底填补了城市地理环境不足之处。

仅此一家，椭圆形的"Fuji幼稚园"，是个教室与教室之间无死角的全新空间。

"屋顶之宅"为蓝本

要谈起这幼稚园的设计，自然得提起两位建筑师的成名作"屋顶之宅"（Roof House）。这栋在2001年完成的建筑案例——简单来说，就是能将日常生活延伸至平面屋顶的设计——虽然在竣工时曾引起很大争议，但至今，屋主一家依然相安无事地在屋顶上用餐，反而为屋顶的重塑起了正面的好感。

"当时幼稚园园长们的要求很简单。"建筑师回忆起说："他们想要为学校的500位小学生建一个屋顶之宅。"这两位园长，同样是夫妻档，根本不需要字面解释就对这"屋顶之宅"的设计产生好感。当然对于引介人佐藤可士和而言亦然。

到了初次会议的最高点时，他们记得所有人皆位于这座住宅的屋顶上。"虽然原本只是作为考察，可是到了这屋顶，竟然没有人想要回家。其原因不管是否为高桥先生和夫

拥有周长200米、占地约500坪的椭圆形平面屋顶，不但被用作为孩童的活动区，亦将幼稚园的面积增倍，彻底填补了城市地理环境不足之处。

人（屋顶之宅的屋主）或院长夫妇们的参与，不知不觉地，整个会议就有一种逐渐加深的家族式亲密感。"建筑师说，"我们并不认为这是一种兴趣相投的状况。原因根本也无须解释。"他们觉得，屋顶住宅自然透露了一切。

"虽然屋顶在夏季会炎热，所以我会在早晨和傍晚的时候才上去；屋顶在冬季会寒冷，所以，正午时分上去最好。"高桥先生和夫人所提供的意见，基本上点出了这栋建筑的精髓。因此回到幼稚园的建筑设计时，建筑师们则完全理解——"屋顶之宅"将会成为幼稚园之母。

筑地的新发现

当初与佐藤一起探访幼稚园的时候，建筑师们便发现，这是一个不断蜿蜒、狭长的建筑物，伴随着一个广阔的花园，充斥着大量的榉树。该建筑物在某种程度上，比较像是一栋别墅。

但上课期间，这里却像一家托儿所，幼稚园园长们往往都不在办公室内，而是不断地穿梭于长长的走廊，从各个教室中进进出出，因此教室都仿佛成了院长们的"办公室"。由于氛围是如此的好，建筑师们因此建议："将它原封不动

校园中原有的榉树，并不如人们预期地被砍伐掉，相反地被建筑师保留，让孩子们更能在城市中亲近一小块的大自然元素。

地作重建吧。"

　　但院长们却担心，如果只需要重建的话，建筑师或许就不会参与建造工程。所以他们礼貌地开始向建筑师透露说屋顶有漏水的地方。到最后，他们甚至还反讽说："这幼稚园的孩子们都善于将桶放在漏水的屋顶下。"当然，建筑师们也喜欢这个即将被拆毁的建筑，认为宽广的花园非常完美，榉树的遮阴感不错。如果要重建，他们则发誓保存这些美好的事物。

无死角的空间感

　　可是究竟该怎么设计呢？"传统的建筑中，在建筑两边角落的房间，不可避免地被孤立，这就成为一些安全的隐患。近几年在校园里发生的一些问题，包括暴力事件，基本上都发生在一些隐秘的角落。"建筑师解释道，"我们因此想

屋顶中也置入了小型的天窗，将阳光引入室内。

要制造一个没有死角的空间，但因为受榉树的阻挡，所以就无法成就圆形的空间。"

当时对于原有建筑无法形成一个圆环感到可惜的建筑师们，却在有一天正在乘搭地铁的时候，突然就画出一个椭圆形来避开树木，怎么看都比之前的设计还要好，而且还能忠于原味。即便在"保留大树于建筑物内"的概念似乎有所难度，但那没有死角的空间，却展现出更大的魅力。位于入口大厅一侧的园长办公室算是整个空间的角落，但事实上，它只算是老师们办公室的一角。老师们也是安全护卫，在一个开放、没有死角的空间，老师们可以看顾所有的空间。

其实细看这屋顶，也会发现这椭圆形的不规则性。因为没有固定的中心点，所以建筑师也就顺其自然，创造了一个没有中心的屋顶甲板。但这屋顶的平面，却成为建筑师心目中最具挑战性的元素。"放心将孩子安置在屋顶上，其实是最难的事。即使外围都安装上栏杆，当局当初还是不敢冒险给我们批准。"建筑师说，"但我们只能做的是坚持到底。"而最终，他们果然成功了。

其实当局的担心是多虑的。建筑师指出，基于孩子的规

模来创造，建筑的天花板高度被限制在2.1米。这有效将地面和屋顶之间的关系拉得更为紧密，并且成为一种鼓励孩子们、在没有抑制的情况下尽情探索的因素。如此一来，学生才会在屋顶和中央庭院中游乐，不断让他们了解到自我发现的重要学问。

这个平面屋顶已经不仅仅是一个象征性的美学，在实践层面上，它也与幼稚园的中央庭院合一，成为幼稚园内各种活动进行的场合，因此非常精确地产生了一个社群式的设计系统。"我们最终希望，这样的屋顶将使孩子更强壮和更富有创造性。"建筑师衷心地说。

学生在屋顶和中央庭院中游乐，将不断了解到自我发现的重要学问。

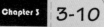
病入"高空"痊愈法

Kinderstad

3-10

休闲之用

绝佳采光和View、人与人还有与大自然的接
触、天然原料、游戏和休闲区域，无一不对
孩子的痊愈过程有着正面影响。

地　　　点	荷兰·阿姆斯特丹
动　　　工	2003年11月（设计），2006年5月（施工）
竣　　　工	2008年2月
建 筑 面 积	1000平方米
建筑师／事务所	SPONGE ARCHITECTS

谁爱在医院流连？这样的问题虽然听起来有点笨，却道出了医院设计的症结所在。

医院固然不是享乐的地方，而且往往在建材、色泽、装潢上，都优先考虑与医学和效率机制有关，不能随意变更，进而使得建筑的设计往往都比较制式。但这并不表示没有发挥创意的余地。如果有这么一个空间，能被设计得让病患心理有所安抚，心境有所转换，甚至让病情有痊愈的可能性，难道就真的是天方夜谭吗？

所幸Kinderstad的概念就是如此，它位于荷兰阿姆斯特丹Medical Centre of Amsterdam Free University这家医院屋顶上的空间，其目的是：为了让病患孩童与家属或亲戚朋友，脱离一般医院不愉快的环境，进入一个更好的氛围。其名在荷兰文中意即"孩童的城镇"，顾名思义地，是个不含一丝的"医院"气息的乐园——从小型足球场、私密空间到电影院，这不难成为一种全新的治疗方式。

Kinderstad坐落在屋顶上的空间，以精简并带些许乐趣的外观，没有为原有建筑带来太大的差异性。

屋顶建筑起始

　　但殊不知，这一计划的开始，只是一场设计赛。说它过于现实无妨，但这场由Ronald McDonald Children's Foundation（Kinderfonds）与荷兰国家建筑师委员会（BNA, Dutch National Board of Architects）举办的年轻建筑师竞赛中的冠军作品Kinderstad，确实完美的从设计图到竣工成品，都未曾进行过任何事后修改。对于创造者——荷兰建筑师事务所Sponge Architects以及IOU Architecture（Björn van Rheenen、Rupali Gupta、Roland Pouw）而言，这是难以置信却让人骄傲的事。

　　Kinderstad在设计方面，虽然被预订作为一项屋顶扩建计划，但是建筑师们皆认为，其外部需要适应现有的8层楼医院建筑，并在同一时间，也得从那里得到明确的"自由感"。"因为我们希望让扩建能有所'脱离'，所以将9楼保

施工进行时

持原状，而10楼则特别以悬臂模式成型。" Van Rheenen 解释道。"所有新扩建的负载，都透过地板引入现有建筑物的外墙柱子，而原有的顶层，当然没有办法支撑额外两层楼。" 结果，轻钢结构是唯一的解决办法。

与此同时，该扩建因处于原有医院范围内，因此计划中的一切建设得符合较早的规定，这对建材和细节的选择上有极大的影响，特别是在卫生和细菌学方面。

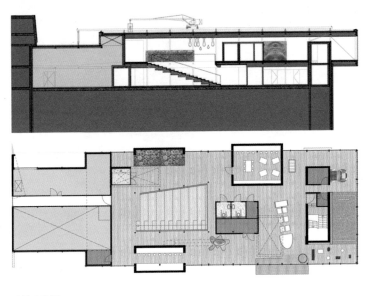

建筑设计图

　　"我们要创造一种大自然的感觉，就像在户外般，可是却不被允许采用任何天然建材。"这虽然成为他们的挑战之一，但他们皆认为，新建筑本来就不应该提醒到访者：他们仍旧处于医院环境中。

室内的大自然乐园

　　因此，与其如现有建筑中仅在走廊两侧规划出房间，建筑师们便试图创造一个大型的开放式空间，并在其中加入一些"盒子"般的私密空间，让内部延伸到户外，给予了一种主题式的设计，模糊了内部和外部之间的边界。另外，因为他们能够使用的天然建材仅有实木（地板、天花板和墙壁）以及天然石材制的墙壁，对于其他如自由站立的"盒子"，他们只能使用易于清洗的墙纸制成，并以扩大版的大自然元素"印花"来完工。

细看建筑立面，这里使用的钛金属瓷砖在不同的倾斜角度中，让每一天的不同时刻反映出不同颜色光效，创造一种视觉上的对比性。

　　另外，室内还拥有不少与户外有关的设计。譬如小型足球场的设置，正好面对着阿姆斯特丹的 Arena 足球场。在这里，孩子们除了能进行球赛，也可以透过大荧幕观看现场直播的足球训练。Schiphol 机场也贡献出旧飞机机舱，让小孩可以体验飞机着陆的过程，而且音效都是真实的。其他设施还有电脑区、阅读区、剧院等等，被规划得如一座城市，有着广场、街道和小巷——完全符合了 Kinderstad 为"孩童的城镇"的概念。当然最重要的还是，该空间内也为父母设想，在一旁设立一个平静的客厅，让他们能借机会喘一口

原有建筑的顶楼。

气，歇息歇息一会儿。

"钛"轻盈的玻璃屋

至于建筑的外部，从地面往上看时，新扩建就给人一种像漂浮在半空中的第一印象。这与其全玻璃和钛金属制成的立面有关。"有别于原有建筑砖制的'重'，使用镜像玻璃作为外墙则较'轻'。"Van Rheenen说。另外他们还在立面上加入了钛金属瓷砖，这也同时成为荷兰建筑史上首次使用"水晶烤"的瓷砖。

大约2万片的瓷砖，在排列上也进行了不同的倾斜角度平铺于立面，这样一来，每一天的不同时刻，将反映出不同颜色光效，创造一种视觉上的对比性。它与光线、环境和建设共同创造了一种迷人的效果，亦与自然环境融合为一体，如不断变化的荷兰天空。钛瓷砖有效创造了一层防腐蚀的保护层，这一层面可确保划痕或轻度损伤的自我修复，而且这材料并不像其他金属，会有铜绿色的反应，因此也能永久地反光。

Kinderstad名副其实地成为"孩童的城镇"，这里从小型足球场、私密空间到电影院一应俱全，这不难成为一种全新的治疗方式。

叫好也叫座

　　Kinderstad的设计恰恰满足到业者的需求，也同时为到访者创造了良好的氛围。空间的灵活度也让到访者能自发进行各种各样的活动。因此Van Rheenen希望，该建筑能成为世界上更多医院的借镜和启发，为"小病患"创造更高品质的空间。

　　"我记得，曾经有一位12岁女孩写道：'我（之前需要）在医院很长一段时间。自从Kinderstad完成后，我每天在这里都感到很高兴。它非常精彩。但不幸的是，现在我已经痊愈了，所以现在要回家。'这就是作为建筑师的我，梦寐以求的致谢词啊！"

夜空中的Kinderstad，像是降落在屋顶上的飞碟般。

　　绝佳采光和View，人与人还有与大自然的接触，天然原料、游戏和休闲区域，无一不对孩子的痊愈过程有着正面的影响。当到访者的注意力将从医疗转移到其他的事物，疾病将会被留下和被遗忘，即使是对于需要在轮椅和病床上的儿童，也实施了这一概念。当然，最宝贵的是，这是任何一处的设施都能使用的概念——而屋顶所提供的，则是难以抗拒的加分元素。

屋顶建筑新意

世界最大的屋顶菜园
Brooklyn Grange

有机泥土"屋顶强力轻土"，由堆肥及质轻的多孔石组成，有效减低屋顶负载。足够的屋顶植被，更可缓解都市的热岛效应。

地	点	美国·纽约
组	织	Brooklyn Grange

6层楼高、建自1919年的建筑物，之所以被选上作为菜园，乃因为它：难以想象地拥有近4万平方米的屋顶空间！

600吨的土壤，都是名为"屋顶强力轻土"的一种特别配置的有机泥土，但依然需要费力地以人工进行铺陈。

号称为地球上最绿之人 Matthias Gelber 曾经说过："环保与商业利润从来都不是零和游戏，两者可以并存。"而位于纽约市，甚至可说是世界最大屋顶菜园的 Brooklyn Grange，也并非纯粹地为环保而起。他们是一个有机的农业营利机构，在他们的菜园中种植15种蔬菜，以让附近的居民和纽约市的一些餐馆带来收益。但任凭谁都没想到，他们竟然也撑过了第一个年头，而且行情确实看涨！

屋顶农场起源

农场的主要创办人，是年仅29岁、拥有金融背景的工程师Ben Flanner。向来都表达出对有机农业的兴趣与热诚的他，早在2009年就成立过Eagle Street屋顶农场。"当我研究过不同的农场，并计划从城市迁移出来，我便对城市农耕的实用性开始进行越来越多的思考。"他说，"虽然它依然有其限制，但能够在开放式的屋顶空间生产农作物，绝对是完全合乎情理的做法，是理所当然的。在城市中进行农耕，也能让我享受到我所爱的纽约——所有伟大的人民、力量和能做的事情。"

因此，这次为了Brooklyn Grange的成立，他决定寻求不少业界人士的帮助，包括有Roberta's餐厅的Chris Parachini和Brandon Roy、纽约餐饮业资深业者Anastasia Plakias、

菜园的雏形

永续食材提倡者Gwen Schantz等10名志愿义工。另外他还找上纽约建筑事务所Bromley Caldari以及物流公司Acumen Capital Partners，负责空间的再循环和永续设置。终于在"非布鲁克林"的皇后区域中租到这一栋货舱，进行10年的农业工程。

而这6层楼高、建自1919年的建筑物之所以被选上，是因为，它难以想象地拥有近4万平方米的屋顶空间！在经过600吨土壤的铺设后，就有效种植下数千株幼苗。而这些土名为"屋顶强力轻土"（Rooflite Intensive），是一种特别配置的有机泥土，由堆肥及轻身的多孔石组成，有效减低屋顶结构上的负载。

每包一吨重的泥土先由起重机从地面吊到6层高楼顶，然后才置放在排水铺垫和隔离层之上。接着，所有有机蔬菜

在铺陈有机泥土之前，先会置放排水铺垫和隔离层。

才会种植在7.5厘米深的土壤中。另外，他们也选择了毫无任何化学成分的有机肥，全都是来自该社区的堆肥。

环保与商业的均衡永续

常言道："创业容易，守业难。"除了得解决农耕上的技术问题，作为一个商业性的企业，农场的任务除了保持永续性，营利性也得有均衡的表现。究竟他又是怎么办到的呢？"的确，我们相信财务上的永续性同样是企业的一个重要组成部分。"Flanner说，"我们希望看到这些屋顶农场能在纽约市和世界各地茁壮成长，但如果他们能在财务上自给自足，成功概率则更高。"

在他们竭尽所能向社会提供物超所值的农作物之际，

却同时让农场保持在低调的环境中。这样的商业模式，将盈利能力依附在人们对于真实、新鲜、美味食品的欲望上，确实有点冒险性。虽然Flanner认为，这并非一个快速致富的计划，但至少它乃由人性驱使。而实质上，他们在开业一年后，便已经成功地产生足够的业绩来支付租金，并保持充足现金流，是可贺可喜之事。

当然，他们也不忘感谢社区的支持。"对于这样的屋顶农场概念，社区一开始就非常欢迎，不但会到此选购农产品，也会自愿到农场来帮忙打理。对我们来说，重要的是，并非仅仅产生价格合理的美味食品，而是让社区有机会去接触到食品的生产过程。我们有一些顾客已经成为日常的义工。看着植物从种子到收成，是一种美好的感觉。而对于能从泥土中拔出成熟的胡萝卜，并带回家享用，亦是件很令人高兴的事。"

因为他们善于利用这不再被使用的屋顶空间，所以农作物也不需要经常从很远的地方运来，大大降低运送所制造出来的多余碳排放。而屋顶植被也有很大的环保效用，因为"雨水排放"在纽约是个很大的问题，若植被在高楼屋顶，就能减少雨水排泄，还能帮建筑物降温；如果有足够的屋顶植被，更有可能缓解纽约市的热岛效应。印象深刻的是，他们指出，已经看见蝴蝶、鸟类、瓢虫和其他飞行类野生动物，都开始涌到这屋顶上，促进了生态学的多元化。

有机农场的未来

屋顶农场本身是一个试验项目，Flanner说。它的设计和建造总共就花了6万美元。由于成本高昂，仅依靠农场的收入虽然过得去，但该农场团队依然会在纽约寻找空置并且屋主也愿出让的屋顶；另外还会提供帮助，以提高教育和培训那些对"城市农业"感兴趣的人们——似乎有步入速食店式的分行模式！或许未来还有一段很长的路需要走，但如果屋顶农场持续地增加，成本就会有降低的机会。所以趁粮食危机还未白热化，赶快到屋顶去种些菜吧。

以纽约市作为背景，让菜园显得极其气派。

4-02

当建筑师化身农夫
SYNTHe: SYNTHETIC ECOLOGIES

梯田分层的方式能最大化地获取阳光，种满了各种水果、蔬菜和其他香料，编织成一个低调且自给自足的生态系统。

地　　　点　美国·洛杉矶
计 划 领 导　Alexis Rochas
景 观 设 计　Terence Toy, Los Angeles Community Garden Council
建筑师／事务所　I/O, SCI-Arc Design & Technology

当农耕变成一件非常时尚的活动，"绿化屋顶"则成了绝佳的屋顶改造计划。在英国，趋势研究单位"未来实验室"在报告中指出，1550万的人已经开始自己种菜吃。在美国，"都会自家农场"的兴起，使得美国总统在2011年4月批准在白宫厨房的花园开垦出5英亩的白宫农场，还由总统夫人亲自监督。在健康饮食以及环境保护的活动终于获得公众对于食物的注意之际，经济衰退也迫使人们更加聚焦在自我供应。几乎每一个人都对于食物产生不同以往的想法。

而在洛杉矶这个常年阳光充足的地方，进行农耕的基本条件早就存在，采用屋顶作为菜园的潜力更是无限。但它们的重量还真的不小，如 Brooklyn Grange（参见第194页）文中所提到的，这因此让原有建筑改建成菜园的方式变得极有挑战性，进而导致不少人却步。因此在面临"绿化屋顶"的建筑计划时，南加州建筑学院（SCI-Arc）教授兼建筑师

南加州建筑学院教授兼建筑师 Alexis Rochas 设计的人造梯田,呈现了另类的屋顶菜园
模式。

Alexis Rochas,才坚决以"轻薄"元素做主要的追求。

屋顶上的梯田

　　他的成果,耸立于一栋洛杉矶市中心,名为 The Flat 的
建筑楼顶之上。远看,它那银色的外表,仿如一种有机形态
似的雕塑。但其实这个金属波纹的梯田结构中,有着一系列
的凹渠,深度恰好能作为犁行之用。这就是 Rochas 借由软、
硬表面的交替而编织出的完全预制系统。他指出:"这的确
是一个未曾开发过的层面。"他认为大部分的"绿化屋顶"
都以平坦为主,并不一定有建筑感。"因为这一个设计是庭
院和雕塑的混合体,因此可供人欣赏,亦可使用它。"

　　将该计划称之为"SYNTHe",即"人造生态"(Synthetic
Ecologies)。最初,Rochas 被要求清除屋顶上所有现有的机械

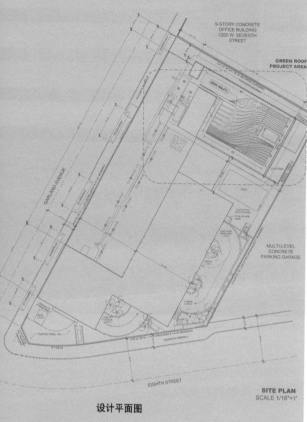

设计平面图

鸟瞰屋顶上的银色梯田

设备，包括空调、抽风器和消防控制系统，以便屋顶能提供百分百的可用表面，而梯田分层的方式则能最大化地获取阳光。这样一来，在达到屋顶绿化的基本需求之际，亦能对适应性结构的发展进行调查，以将物理和生物的过程，编织成一个低调且自给自足的生态系统。

整个系统以三个主要元素组成。建筑师首先竖立起骨架，然后以再循环利用的胶合板组成梯田的第一层表面，最后再以镀锌板金属包层，让这"一整块"梯田结构达到中空并悬浮的状态。而因为所有的组件都是预造出来的，因此组装时便轻易地就能套上。

种植术的规划

"作为一名建筑师，通常进行的设计只关系到结构和形状；但这一次的计划，却包含程式和使用的规划。"Rochas解释说，"建筑师变成农夫，农夫则变成了规划人员。"确实，这一整个屋顶，除了一处作为居民的休闲区（1000平方

米）和垂直花园（500平方米），其余的1500平方米空间是专门用作食用植物的种植。

梯田中种满了各种水果、蔬菜和其他香料，以供楼下的 Blue Velvet 餐厅使用。建筑师也规划出以90天的作物周期来运作，让该餐厅能依照收成的成果来制作出特别菜单，确保顾客们能享用到当季最鲜美的蔬果。但千万别小觑这一小块梯田的容量，其实这里种植的蔬菜种类繁多，包括有番茄、香料、蔬菜、水果、小麦草，甚至有大白菜等。"这是一个真正的、有机的实验，试探着究竟什么植物能成功长大。"Rochas 说，"应该可说没有什么比这更道地的了。"

人造环保系统

值得一提的是，这屋顶所提供的新鲜香料，就足以满足餐厅的日常所需，使其全年能自给自足。当然，餐厅亦达到了"摇篮至摇篮"的目的——因为餐厅在调理食材的时候，总会有有机废物的产生。

从泥土的铺陈到种植，最后成为屋顶菜园与庭院，奠定下这项新崛起的"绿化屋顶"设计方案的可行性。

上）梯田中种满的各种水果、蔬菜和其他香料，而（下）一旁的草坪则是用作为庭院。

现在有了这屋顶菜园，就能回收作为堆肥。

除了作为农耕地，SYNTHe也有效作为"第二层屋顶"，进而达到更多的环保效果。如整个结构下的表层皆比平常温度低15℃，能因此减少建筑热增益；还有80%的雨水有效被收集用作灌溉，减少了雨水浪费；另外建立起的永续植物生

这屋顶绿化，让洛杉矶这个被誉为美国最污染城市之一的地方，有了新希望。

态系统，也有效进行空气污染的过滤。

　　这个原型在洛杉矶的首炮成功，也奠定下Rochas这项新崛起的"绿化屋顶"设计方案的可行性。他透露说，目前已经为洛杉矶市开发不同的设计案，特别是采用更大型但类似的表面设置，并将之位于城市的公共公园内。当中包括有Inglewood的Vincent Jr.公园，以及纽奥良（New Orleans）的英格坞（Sam Bonnart）公园等。

　　或许更多建筑师需要成为业余农夫，这样得益的除了是众人的视觉享受，五脏也能拥有饱足。

城市屋顶 "慢" 步之地
High Line

步道中的稍微裂缝，让植物自行填满，下雨时便能收集和储存雨水，然后才慢慢渗入植床内。树木也提供了遮阴，达到环境冷却效果。

地 点	美国·纽约
动 工	2006年
开 放	2009年6月
完 工	2011年（第二期）
计 划 团 队	James Corner Field Operations, Diller Scofidio + Renfro, Piet Oudolf.
组 织	Friends of the High Line

Chapter 4
4-03
庭院之用

设计概念图

纽约这个繁市的绿洲，除了有最著名的中央公园（Central Park）与 Bryant 公园外，在曼哈顿西边新立起的高线公园（High Line Park）则进一步地为这个城市带来一片"慢"步之地。虽然严格来说，High Line 这一块筑地不是人们所熟悉的屋顶模式，因为它的前身是一条荒废高架铁路。但当大都市内开始建起一条又一条的高架，为人们遮挡风雨的，不就是这些"屋顶"吗？

铁路的起起落落

　　不过，高线公园这项个案还是属于不寻常的例子。坐落于曼哈顿Meatpacking区域附近，这条长约1.5英里的铁路建好之前，特别是1851年至1929年，许多街面货运火车与街面车辆都在第10大街发生交通意外，让第10大街变成让人恐慌的"死亡大街"。当时，纽约市与纽约中央铁路便发起耗资上亿元的西城改善计划，其中便包括了High Line的改造。计划中将原有的街面铁路升上30米，好让货运铁轨直接与工厂和仓库接轨，以方便运输。

　　可是到了20世纪50年代，当洲际货运量有所增加后，High Line的使用量也因为逐年下降，直至1980年就已经没有火车通行，铁路从此步入荒废之年。近20年的时间，这铁路

高线公园里设置了许多休闲椅和种满花树，旨在缓和这座城市的工作压力，非常适合散步。

总是杂草丛生，直到 Joshua David 和 Robert Hammond 在 1999 年成立 "Friends of the High Line" 的非营利机构，发起了营救处于拆卸边缘的 High Line，经过多方交涉后，终于逆转铁路被拆卸的命运，让它的新生正式启动。

"在我们接洽前，高线公园早就存在着它自己的传说，特别是 Friends of the High Line 一早就为这计划创造了一个鲜明的形象。"James Corner 说。这位被纽约市议会挑选为高线公园设计景观的设计师说："我记得当时，他们为公园塑造出一种氛围，推广了一种概念，即：这实际上是一件后工业的文物，在保持着其颓废感和在城市环境中其他世俗感的同时，亦相反的，在不断演化和现代化。因此将那些细节具体化，以形成一座公共景观，的确是一项难以抗拒的机会。"他回忆说。

除了他所主导的前沿景观建筑事务所 James Corner Field

高线公园最尾段，一旁所见的建筑为开张不久的 Standard Hotel。

Operations外，建筑事务所 Diller Scofidio + Renfro 也一同与纽约市的园艺、工程、保安、维修、公共艺术等单位，组成高线公园重建项目的设计团队。虽与纽约市当局合作，但基于 Friends of theHigh Line 属非营利机构，类似 Brooklyn Grange（参见第194页）的模式，组织则采会员制和欢迎捐献以筹募足够款项，作为经营费用，并筹办公共活动、聘请园丁管理植物、聘请维修队伍，以确保花园处于安全状态等。

景观设计大学问

高线公园首期建设在2006年开始，地段从 Gansevoort 街延伸至 West 20th 街。两年后则装上人行道、入口、照明灯、椅子和种植植物等后期工作，并在2009年6月开放给大众。让众人期待已久的高线公园并没有让人失望，这个新公园不

新建景观没了以往的"废墟"景象，玻璃围栏透视着周边的无限风光。种植设计师在挑选植物时，也以抗寒性、可持续性和色泽变化特质为主，力保花园的常绿景象。

但拥有一般公园的设置，也包含了哈德逊（Hudson）河畔与著名的曼哈顿城市的景色。除此之外，它还提供了一个联系 Jacob J.Javits 会议中心与 Meatpacking 区域的无车道路，届时将有效缓和城市人的工作压力，亦为城市带来更宽广的新视野与空间。

但有别于一项建筑计划，高线公园或许最让人惊讶的地方就是：像这样一块不寻常的不毛之地，何以能成为现今的茂密绿地呢？"刚开始接触这项计划的时候，我就从铁路所展现出的个性——从轨道到线性——得到启发。虽然这真的是个又薄又窄（大约30米）的长条，但我试图去创造一个独特的对比，让整个高线公园穿梭于建筑物之间，就像为这个石灰林捆上绿丝带一样。"James 说。

"况且，这里也有一丝悲伤、颓废、沉默弥漫着。作为一个到访者，你将可以同理这样的情绪，并感觉到，这里像是你在一个庞大城市中寻获的奇景。你可以漫步其中，将之视为一场旅行；又或者化身为观察者，隐身于其中。"

这些就是他作为景观设计师想要这公园产生的体验和共鸣。他希望设计能确保步道上每一个细节——从座位到垃圾桶、照明和水源的设施——都使这一个空间拥有大气和安全感。人们甚至还可以因其长度感到惊讶，对其曲折的路线和沿路景观有所赞叹，并因发现这些时刻而感到喜悦。

即便如此，他也认为，设计的预期与人们真正能够感受到的情绪，是他们无法预料的。"不同的人来

高线公园的另一大特点，就是其步道的铺陈。若稍微注意，会发觉其中有着稍微裂开的地方，好让植物能自行填满。

这里，感受到的东西自然不同。高线公园最伟大的地方是它有角落、缝隙和隐蔽。它也有全景和高处。您可以往一个方向看见第10大道，但转过身，你则会看到自由女神像。这里有着大量的精彩等待人们去发现，而如果他们能寻找到任何一种乐趣，那么我认为我们（的设计）就成功了。"

让植物自行环保

自第一期工程的好评，高线公园也在2011年完成了从24th街延伸至34th街的第二期工程。这次的筑地更窄，乍看与一条人行道无异。设计在各方面与第一期保持了相同的基本元素（铺装、种植、家具、照明、交接处理），同时强调，通过一系列有特色的序列空间，营造出丰富的体验观感。

远看高线公园，也会发现其穿梭于 Standard Hotel 之下的人造奇景。

因为公园没有车辆经过，也没有红绿灯的提示。因此很容易地便会在此漫无目的走着，坐着，躺着，看着，感觉十分自在。当然，殊不知，从创造景观的立场来看，将这不毛之地转换成空中花园，是极度困难的事。"土壤本来在深度上就非常薄——大概只有15厘米。而且纽约的夏天总是非常炎热，冬天则极度寒冷，同时如何提供植物所需的水和营养，也是一项问题。"James 说。

因此，选择种植的花草树木，都大多以有抗寒性的品种为主。不过设计师也称，在初期时也利用了试误法，让无法生存的品种去除，再作适度的调整。当然，这里的景观也因为管理的独到，而有着充满张力的特质。

高线公园的另一大特点，就是其步道的铺陈。若稍微注意，会发觉其中有着稍微裂开的地方，好让植物能自行填满。而且这样的设计还具有开放式的关节，下雨的时候

高线公园一角

便能进行收集和储存，然后才让其慢慢渗入植床内。"我认为我们可以证明，所有降入的水，有80%到90%将保持在公园内。当然，硬要说的话，这里的植物也有效减少碳排放。"James解释道："而且树木也肯定提供了遮阴，进而达到环境冷却效果。加上所有建材都是再循环或有永续性，因此在这里，没有什么是哗众取宠的。总体而言，我认为这是一个非常环保的案例。"

以人为本的好设计

时常，商业竞争让以人为本的好设计逐渐减少。但纽约却有效以 High Line 扭转了人们对公共建设的常规思考，一如百老汇大道中的 TKTS（参见第128页）。或许拥挤的发达大都会都不是"无可救药"，反而是需要更开放以及更有远见的设计来实行先例。

看来，还是已故美国建筑师爱德华·斯通（Edward Durell Stone, 1902-1978）说得最好："作为一个伟大的城市，需要很漂亮的建筑，但单纯追求建筑的壮观是不对的。很多优秀的城市，其伟大之处就在于地面，因此，步行系统是城市景观规划要努力关注的重点。"

恒温，最宜居的屋顶
Casa V

草皮是利用筑地挖掘后的表层土铺成，这样的土壤铺陈有利于"生物气候"的促进，增加动植物的繁殖，且能有效调节室内温度，亦可收集雨水。

地　　　　点	哥伦比亚·波哥大
动　　　　工	2006年（设计），2008年（施工）
竣　　　　工	2009年
建 筑 设 计	Felipe Mesa (Plan: B)，Giancarlo Mazzanti
建筑师／事务所	Plan: B Arquitectos

根据中国全国科学技术名词审定委员会审定公布，生物气候（Bioclimatic）宏观上指：反映自然界水平地带和垂直地带格局，规律的大气候与植被、土壤的密切关系。而生物气候建筑，则是将有关气候的学问应用在建筑中，企图搜索出能够改善住宅达到最舒适的条件。这确实比仅仅采用绿建材来造屋有着更深一层的策略性思考。遵循这风格的建筑师们，往往需要考虑每个地区的气候差异来进行设计，一点都不简单。

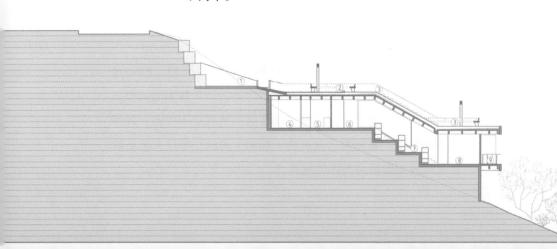

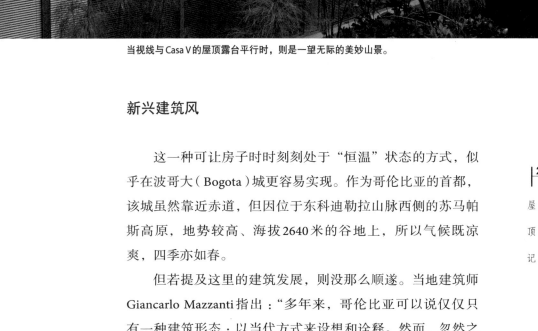

当视线与Casa V的屋顶露台平行时，则是一望无际的美妙山景。

新兴建筑风

  这一种可让房子时时刻刻处于"恒温"状态的方式，似乎在波哥大（Bogota）城更容易实现。作为哥伦比亚的首都，该城虽然靠近赤道，但因位于东科迪勒拉山脉西侧的苏马帕斯高原，地势较高、海拔2640米的谷地上，所以气候既凉爽，四季亦如春。

  但若提及这里的建筑发展，则没那么顺遂。当地建筑师Giancarlo Mazzanti指出："多年来，哥伦比亚可以说仅仅只有一种建筑形态：以当代方式来设想和诠释。然而，忽然之间出现了一系列'微偏离'（micro-discourse），让新建筑超出了所有独特性、极权主义和绝对概念。这一个现象，开始动摇现有的设计，进而催生出不同的建筑形式，带来当代建筑的新话题，波哥大城市正是如此。"

  他说，即便人们谈论着的是"国际性"的话题，"当地

像是一种自然成形的空间，沿着倾斜100度的山坡匍匐前进。Casa V很有日本住宅设计中尽力符合地形的巧思。

性"却依然受到考量——即《型男飞行日志》电影中提及的"Glocal"（全球当地语系化）。"我们（哥伦比亚建筑师）并没有发现什么异常的事，也没有生产一个新的思维方式，只是正在进行一次大变化。关键的是，哥伦比亚是一个对公共建设充满热情的国家，一切都需要通过竞赛选出，这使得年轻建筑师有更多机会分一杯羹。"而他和Plan:B建筑事务所打造的Casa V，正好就是这股趋势中的例子之一。

B计划的A级景观

若开车在波哥大某处的山坡蜿蜒而下，Casa V很容易就被忽略掉——不是因为其设计的过于平凡，相反的，在这一望无际的山景中，在视线上是完全触及不到Casa V的，因为

屋顶上采用的土壤全来自筑地挖掘后的表层土，亦同时为建筑师们亲自铺陈的。

它像是一种自然成型的空间，沿着倾斜100度的山坡匍匐前进，很有日本住宅设计中尽力符合地形的巧思，亦有达成当代建筑不哗众取宠的功能性。"这正是我们想要的。"Plan:B建筑事务所首席建筑师Felipe Mesa说，"一个能成为景观一部分的建筑。"

Casa V用了8个月来建造，但设计却花上了一两年的时间才定案。建筑师称，这是因为在版本上，至少有三四次的更换！或许原因就在于屋主Jaime Ordoñez的要求。"他是一位单身的年轻人，从事钢化和色彩玻璃制造的事业。首次与我们会面时，他就说需要这未来之家，除了能涵盖室内的基本需求外，还得以玻璃和混凝土制成。"Mesa说，"可是因为波哥大的玻璃无法适合'生物气候'，我们因此建议他选择较重的原料，以打造更坚实的房子。同时平面图和空间的设

梯形内的开放式空间，成了屋主的图
书馆兼音乐室。

置也改了再改，好让筑地的自然坡度与房子有
着非常服帖和灵活的适应能力。"最终屋主还是
同意了。

当然，在这山坡地进行搭建，很难不涉及
法规和条例。而Mesa亦承认，这工程确实涉及
很多关于建筑距离、人流疏散、邻近地段的相
隔、高度等等的限制，但全都顺利得到认证，
符合上哥伦比亚抗震标准。

绿化屋顶为起始

明显的，这栋住宅最大的特色就是拥有绿
色草皮和露台的屋顶。而建筑师透露，这草皮
中的土壤，还是他们亲自铺陈的，土壤亦是来
自筑地挖掘后的表层土。由于地形的关系，移
动任何土壤都需要经过非常谨慎的考虑。"我们
喜欢的是亲手进行筑地的动土，就像是进行手
工艺一样。我们只需要挖掘一小部分的土壤，
便开始打桩竖立起这房子。"那是他们印象最深刻的部分。

而这草皮，也是一种表层土再利用的好办法。"因为在
许多情况下，表层土往往都会在工程动土后被带走。同时，
这样的土壤铺陈有利于'生物气候'的促进，只要种植上适
当的品种，便可增加动植物的繁殖。"他说。一如任何"绿
化屋顶"，这草皮能有效调节室内温度；整个屋顶亦被利用
作为雨水的收集。另外，在"生物气候性"的层面上，住宅
的立面设置于午后是朝阳的，减少机械式加热的需要，进而

梯形空间一旁也有着大块玻璃幕墙，以取得最佳的采光效果。

消耗更少的能源。

　　现实中，这座房子的确如屋主所要求的，采用了极致简单的建设系统。像一棵树，这房子在筑地上横向地分出两条枝丫，以不同高度作区隔：上层为"社交手腕"，拥有桥梁和草皮阳台，而下层则是私人空间和服务性空间。树的主干是一个楼梯式图书馆兼音乐室，亦作为房子趣味极致旅程的起始。

在这山坡地进行搭建，确实曾涉及很多关于建筑距离、人流疏散、邻近地段的相隔、高度等等的限制，但全都顺利得到认证，符合上哥伦比亚抗震标准。

该不该永续到底？

　　Plan:B建筑事务所的发展，犹如哥伦比亚历史般充满转折点。2000年由哥伦比亚籍建筑师Felipe Mesa和Alejando Bernal创立，后者于2006年退出，而Mesa则自己扛下重任，在接下来的4年里持续成长。到2010年，才和Federico Mesa结合一同掌管。Casa V则是在Giancarlo Mazzanti的援助下一起完成，而屋主也非常享受这一栋"恒温"的现代住宅。

建筑的另一角，"上层"空间与露台也以一小段的桥梁衔接着。

说到"恒温"，就自然得问及Mesa，是否认为建筑能百分百地达到永续？

他回答说："对于一个真正绿色（环保）的工程，总依赖许多元素的同步达成，而这往往是最难的地方：从原料提取过程需要适当，运输和制造中有所节能，不能产生污染，副产品得要有具体用途，当然还有社会阶层的永续性，建筑的'生物气候性'也需要做好（这在不同季节型的地区有着不同的方式）等等永续性发展皆有程度上的高低。而拥有一个绿化屋顶，则是这其中一项而已。"

永续性本来就是一项复杂的课题，而要做到面面俱到，则难上加难。虽然Plan:B的"恒温"并不是顶点，但在恰恰达到均衡中，取得完美。

失落的屋顶花园
Birkegade Rooftop Penthouses

有青草皮制的小山丘，还有观景台、木制的甲板露台、吊桥以及一大片的游乐空地……"宅"在家里也可以有截然不同的意义。

地 点	丹麦·哥本哈根
竣 工	2011年
基 地 面 积	900平方米
建筑师／事务所	JDS ARCHITECTS

屋顶中也有一小块的草皮制山坡。

问及比利时建筑师Julien de Smedt，现今的城市是否需要屋顶建筑时，他说："当然需要。城市应该要一直发展他们的屋顶。如果不使用这些与筑地相同大小的空间，它将会流失掉。对于我来说，我们应该更进一步，让这些空间开放成为公众场所。"

而在看到了他在哥本哈根完成的这栋屋顶建筑后，他是确实遵守了自己的承诺。有别于在屋顶上仅仅盖上草皮就算完工，他却花了大量的叙事性，让这城市屋顶因设计，幻化成了一个老少咸宜的游乐设施。乍看之下，还会以为这是哪个哥本哈根的郊区公园呢，不是么？

因为建筑群的狭窄庭院，才有了Birkegade的概念。这屋顶在傍晚时分，亦很迷人。

屋顶优化再利用

"通常，要定义任何建筑的竣工完毕，最终措施都是屋顶。但在不久的将来，Birkegade屋顶将开辟一种更新式的多元化住宿和体验。"他说。

坐落在Nørrebro的Elmegade区，这里应该是哥本哈根市中心人口最稠密、文化最多元的地区之一。尤其是Birkegade / Egegade / Elmegade这三大块土地上的建筑群，皆具有非常高的密度，进而使得其庭院也变得狭窄和拥挤，这和人们一般所熟知的哥本哈根的严谨城市规划印象，确实有所区别。

但"皇天不负苦心人"，恰恰是因为这些庭院的狭窄，本案例的概念才有了成立的基础。驱使这概念的动力，是

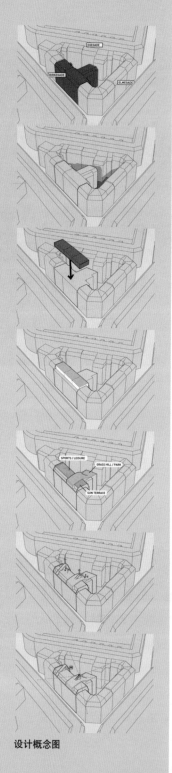

为了能在现有的大楼屋顶上建立起"消失的花园",使所有居民能获得一个真正的户外空间。而为了符合"消失的花园"的意境,de Smedt亦四处参考了哥本哈根其他城内的花园设施,他发现,它们往往都典型地着重于功能性。因此,为这栋建筑屋顶打造类似的花园时,亦在设计上打造成一个功能性空间。

但为此设计加分的,却是建筑师额外增添的多重享受:这里不但有青草皮制的小山丘,还有观景台、木制的甲板露台、吊桥以及一大片的游乐空地(当然,也全附上防震性表面)。整个范围也都围上了栏杆,因此无须担心孩子的安全。

虽然有人指出这里的活动区面积依然有限,但是比起原有的地面庭院,这里仿佛就是孩子的天堂,在这里踢个球、跳个绳,绝对没有任何问题。况且天气好的时候,大人们还可以陪同小孩在此进行烧烤会等户外亲子活动,进一步地联络家庭成员之间的感情。

为公共设施努力

问及de Smedt如何形容自己作品的风格时,他说:"我多是为了公共设施而努力。"自2006年PLOT建筑事务所拆伙,而他从此单飞发展以来,他所有设计案的目标,都是为了激

设计概念图

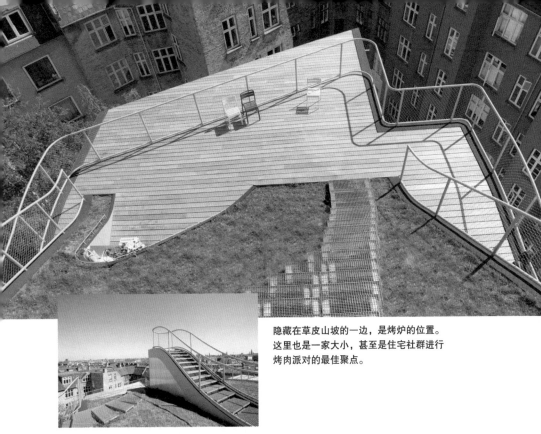

隐藏在草皮山坡的一边，是烤炉的位置。
这里也是一家大小，甚至是住宅社群进行
烤肉派对的最佳聚点。

发社会的互动以及城市文化建设。从2007年的 Holmenkollen
山设计滑雪塔，到2009年的哥本哈根山形住宅区，以及耗资
135万美金打造、占地900平方米的这项屋顶计划，他再次
证明自己是言而有信的。"我感觉自己的作品并没有通常人
们所说的'风格'——顶多只能形容为'现代性的'及'具
有挑战性'吧。"他说。

Birkegade 的打造看似理所当然，但他却认为，这样的概
念自柯比意提出至今，也已经流传了整整一世纪之久，却还
不见普及化，实在是有点荒唐。

"毫无疑问，（建筑）这个行业发生了重大的变化，人
们越来越关注建筑师，甚至投票评选我们这个职业为最性
感的职业，就连布莱德·彼特也来搞建筑……这当然令人欣
喜，但也让人迷惑。我想，经济危机或多或少可以解决这

个问题，毕竟危机的积极面是：可以提高我们应对问题的能力。建筑师是负责解决问题的人，而现在也是把建筑师的能力充分运用的时刻。"de Smedt 说。

即便人们会对屋顶作为公共设施的概念有所怀疑，但是为了优化和充分利用屋顶，应在所提供的范围内，将其未来的潜力设计并发挥到最大，好让居民能有更喜悦的生活方式，不应该还裹足不前。

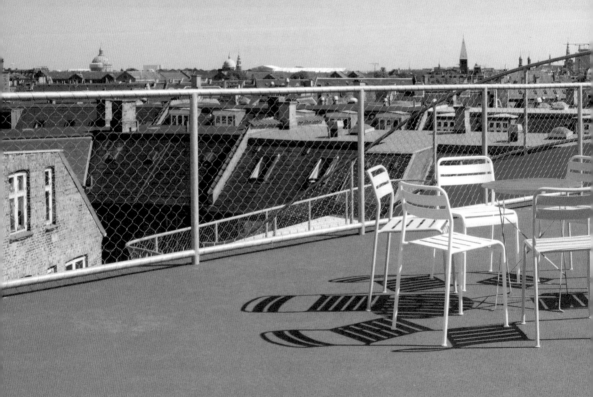

当然，科技的迅速发展，也让现在的屋顶建筑拥有了一套可在任何地方都能套用的系统。因此建筑师亦大方地说，像此个案的概念，也不仅局限于这栋公寓；相反的，它早就可作为创建一个有用的屋顶花园，以及为公寓建筑打造美丽景致的基本模范。这样一来，"宅"在家里，可能在未来就会有决然不同的意义了。

屋顶建筑何去何从

——Why Now？从绿化开始

如今谈及"绿化屋顶"（Green Roof，亦称 Living Roof），已经不再是什么新鲜事。

正当原油、天然气和能源价格逐渐上升的时候，世界各地更多的屋顶，除了安置上太阳能电板，最理所当然的就是进行植被。不管这"绿化屋顶"的"深浅"（土壤深浅即代表植物品种的多寡），其正面影响是显而易见的：它们可减少"都市热岛效应"、延长屋顶寿命、提供雨水的储备、创造生态、减少建筑的能源消耗，甚至可带来粮食等。另一方面，植物的设置也能开拓出全新的设计路线。因此，这些有利于环境保护的"绿化屋顶"的安装，已经逐渐成为一种流行。

近期的如 Renzo Piano 设计的加州科学博物馆（California Academy of Science）、BIG（Bjarke Ingels）的 8 Tallet 公寓、Dominique Perrault 设计的首尔梨花女子大学（Ewha Womans University）等，都是"绿化屋顶"的例子。而 Perrault 更是在 20 世纪 90 年代就宣称"建筑的消失"，早就设计过在屋顶上种植 500 棵苹果树的柏林游泳池与单车运动场。而且有些位于柏林的"绿化屋顶"更是早在 90 年前就出现了——比德国"屋顶"概念的历史还长达 4 倍那么久。当然值得重复提起的，依然是让"绿化屋顶"成为众人话题的"五元素"。这本书也仅能收录部分的概念，特别选择了重新诠释"绿化屋顶"的设计，不过遗珠之多，憾无法全面大篇幅地报道。

当然，多得科技的跃进，"绿化屋顶"的工程也变得越来越普及，甚至成为"逼"需。因为不少世界各地的城市已经逐渐为"绿化屋顶"立法成政府当局管控的一部分，这或许比起当年柯比意的"单枪匹马"来的有效。

且看看一些世界城市的"绿化屋顶"政策方针：

美国

1. 芝加哥

针对城市显著的都市热岛效应，当局定下了节能屋顶规则，要求所有屋顶将光线反射减至最低，或是仅能有25%的"反照率"（albedo）。虽然政策中并没有指定采用的方式，但"绿化屋顶"早就被接受作为满足这一项条件的实际手法。同时为了鼓励发展商，也允许他们在高密度中进行工程，条件是他们得在建筑屋顶面积至少50%或160平方米——以较大者为准——覆盖上植被。芝加哥也在进行适度的资助计划及拟定雨水保留指数。

2. 波特兰

政府建筑都需要有绿化屋顶，并至少需要有70%的覆盖率。其余的屋顶表面必须覆盖上高效节能的建材。另外当局也提供额外奖励金，如"楼层面积优惠"以及扣除35%的雨水管理费。该城市的"环保屋顶运动"也有效提高"绿化屋顶"效益的意识。

3. 西雅图

"西雅图绿色原则"（Seattle Green Factor）是一项景观策略的指

南，应用在全新的发展中。这是一个包括了4栋以上的住宅，超过370平方米与二十多个停车位的商业区域。它的目的是，为人口密集的城市地区增加景观的数量和质量。"西雅图绿色原则"在2007年1月正式生效，本质上是与柏林所应用的模式类似。一个城市面积的30%需要覆盖上植被，并提供灰水回收的奖励。

4. 洛杉矶

自2002年7月1日起，所有洛杉矶市大于700平方米的建设项目，都需要实现能源与环境设计协会（LEED）的"认证"标准。而为了达到标准，可选择安装"绿化屋顶"。因为该标准采取的是分数的统计，"绿化屋顶"若覆盖建筑的50%，将因为能减少都市热岛效应而获取1分，另外也因为能储藏雨水而获得1分，依此类推。如同波特兰，洛杉矶也将逐步实行雨水管理费的扣除计划，不过目前"绿化屋顶"的安装并非强制性。

加拿大

5. 多伦多

多伦多城市当局为了鼓励屋顶绿化，所进行的策略包括：城市管理局对安装绿化屋顶的承诺、私人发展绿化屋顶奖励金的试点方案、增强意识运动等。该市也将"绿化屋顶"政策化，希望能进行更多检讨性的决策过程、小组研讨会、圆桌会议等，而且在2008年4月，市议会也通过了屋顶绿化的策略。多伦多目前已有一个屋顶绿化专案小组，旨在推广工程的示范。

6. 温哥华

作为一个试点方案，该市已为 Southeast False Creek 区域发展出一项规划。这个 25 公顷的混合使用发展工程里，所有建筑物需要有至少 50% 的绿化屋顶。目前当局也正在采取步骤，调整城市建设的条例来设定建筑业的"绿色基础"，包括屋顶的绿化。

欧洲

7. 瑞士·巴塞尔（Basel）

2002 年，巴塞尔城市的建筑法规中纳入了绿化屋顶的原则。这当中的细节就包括有：原生土壤和植物的使用、种植土壤的深度、鼓励生态的繁殖，以及 1000 平方米以上的"绿化屋顶"计划需采用专业人士设计的要求。

8. 德国·柏林（Berlin）

柏林是德国将城市和国家政府的职能相结合的三大城市之一。该城市率先推出的"生活小区面积"（BAF）指数，它所代表的是"生态可生存表面"（如花园、绿化屋顶等）和基地总面积之间的比例。BAF指数也为不同形式的建设设定目标值：新的住宅为 0.6，商业发展则为

0.3；以此类推，传统的密封屋顶指数为0；而屋顶上若有超过80厘米的土壤表面与植被覆盖，分数0.7。与此同时，柏林景观规划中亦强制规定，城市内的13个区域需要实行屋顶的绿化，其他地区则以自愿形式鼓励绿化。绿化屋顶也进而减少了50%的排水收费，不论它们是否连接到下水道。

9. 奥地利·林茨（Linz）

鼓励绿化屋顶的动机是因为这里严重缺乏绿地，因此这个城市才在2001年实行了"绿色空间计划"（Green Space Plan），有效为地区的发展计划提供标准的政策。这些政策都是强制性的，譬如说：新的和拟议的建筑面积，若超过100平方米和有一个高达20度的斜度，不包括棚式屋顶，都需要进行绿化。绿化屋顶的最上层至少要有12厘米厚作为生长介质，生物材料的覆盖面至少应为屋顶的80%。林茨也为屋顶的建设成本提供补贴，最多可获合格费用的30%。不管是强制性还是自愿安装的"绿化屋顶"，都能享有这些补贴。为了鼓励政策的响应，补贴的50%将会在建设期间给付，而其余的50%则在植被一旦建立后给付。

10. 德国·默斯特（Munster）

如果安装绿化屋顶，当局将提供排水费80%的扣除。

亚洲

11. 中国·北京

适逢2008年奥运会所需要的空气质素改善，当局立下了将城市高楼大厦的30%和低层大楼（即低于12层）的60%皆需要被绿化的政策。

12. 日本·东京

该市已设下了创建30平方千米绿化屋顶的目标。为此亦立下了一个政策，迫使占地面积超过1000平方米的新私人建筑，以及超过250平方米新公共建筑，需要有20%的绿化屋顶，否则将遭罚款。这项政策是有效的，每年启发大约5万平方米的绿化屋顶。日本政府亦准备将这政策推广至国内各城市。

优缺点的再考量

如今，屋顶的功能性似乎已经无所不能，而其效益并不难以理解：它可丰富城市环境、增加社会多元性，功能性的刺激经济内需、加强城市建筑的再利用、启动让人遗忘的区域等。若从建筑业的角度来看，则有可能再塑造另一次的"毕尔包效应"，不管是永久性或快闪式的构造。

依（台湾）的建筑法规，房子的建造共分为四大项：

一、新建：为新建造之建筑物或将原建筑物全部拆除而重行建筑者；

二、增建：于原建筑物增加其面积或高度者。但以过廊与原建筑物连
　　　　　接者，应视为新建；

三、改建：将建筑物之一部分拆除，于原建筑基地范围内改造，而不
　　　　　增高或扩大面积者；

四、修建：建筑物之基础、梁柱、承重墙壁、楼地板、屋架或屋顶，
　　　　　其中任何一种有过半之修理或变更者。

　　而屋顶建筑所涉及的法规范围，往往因个案而异。但因为无法
将屋顶建筑归类为特殊的一项条例，所以有可能简单为修建的一种，
也可能大型如新建的工程。但理所当然的，建筑的功能性、工程的困
难与复杂度往往是成正比的，其包含的基本元素如人流、屋檐高度、
泊车位、防火系统、紧急出口等等，都本来就是建筑规则所需要考虑
的。而且有些历史性建筑的负责方则认为，这样的新概念，就算有效
产生新美学态度，也只会摧残历史。原有住户也有可能对新屋主造成
问题，特别是原有住户往往不希望听见屋顶建筑工程所带来的噪音，
更别说有时候还会是长达一年的时间！

　　身为新屋主，最重要的部分依然是采用合法的专业建筑师为宜，
特别是在地震、台风范围内的地区如台湾或香港，则需要额外有专家
如结构工程师的介入。况且在黑心建商似乎更猖狂的国家和地区里，
当原有建筑的安危都已经成问题，又是否还有心机去探讨该不该将屋
顶进行再造呢？——这或许就解答了，为何屋顶建筑迟迟没有在这里

出现的原因了。

　　当然，如果屋主和建筑师的想法和理念一致，进行屋顶建筑自然比较容易——特别是，当业主从未考虑过屋顶也能作为潜在的筑地和经济来源时。如今在经济不稳定的局势中，也许为了寻找新的经济来源，人们会更积极地看待这一项概念，说不定屋顶建筑在未来将会成为一项不错的投资呢！让黑心建商打翻这一条船，也实在太可惜了。

后记

　　常言道，初生之犊不畏虎。前文中，几乎所有的建筑师都是首次设计屋顶建筑的新兵，可见屋顶建筑在设计和建设上所拥有的难度，往往来自非技术性的元素。若屋顶建筑也能逐渐如"绿化屋顶"获得政府当局的认可，势必能在任何一个城市中，打造一块小小的乌托邦。

建筑细节
Architectures Details

Chapter 1

1-01 Penthouse Ray 1

动工：2000年（设计），2001年11月（施工）

竣工：2002年11月（不含家私），2003年6月（含家私）

基地面积：230平方米

建筑面积：340平方米

计划团队：Anke Goll, Christine Hax

建筑师／事务所：Delugan Meissl Associated Architects

地址：Mittersteig 13/4, A-1040 Vienna, Austria

网址：www.dmaa.at

摄影：Hertha Hurnaus

结构工程：Werkraum ZT GmbH Vienna, Austria

立面系统：Kusolitsch Aluminium u. Stahlkonstruktionen GmbH, Wiener Neudorf, Austria

钢结构：Buttazoni GmbH, Sollenau, Austria

建造师：Baumeister Tupy GmbH, Vienna, Austria

板材卷材屋顶：DWH Dach & Wand HUEMER+Co GmbH, Langenzersdorf, Austria

干墙建构：Willich Trockenbau GmbH, Vienna, Austria

电气规划：Friedrich Hess GmbH, Neusiedl am See, Austria

木工：Franz Walder GesmbH, Ausservillgraten, Austria

1-02 Nautilus Sky Borne Buildings

动工：1998年（设计），2003年（施工）

竣工：2005年

基地面积：560平方米

建筑面积：389平方米（4楼），250.0平方米（5楼），181.5平方米（6楼）

计划团队：Eric Vreedenburgh, Coen Bouwmeester, Niel Groeneveld, Jaap
　　　　　Baselmans, Guido Zeck

建构施工：Broersma – Pim Beeking

建筑师／事务所：Archipelontwerpers

地址：Dr. Lelykade 64, 2583 CM The Hague, The Netherlands

网址：www.archipelontwerpers.nl

摄影：Archipelontwerpers

1-03 Didden Village

动工：2002年（设计），2006年（施工）

竣工：2007年

基地面积：165平方米

建筑面积：45平方米

计划团队：Winy Maas, Jacob van Rijs, Nathalie de Vries with Anet Schurink, Marc
　　　　　Joubert, Fokke Moerel & Ivo van Cappelleveen

建筑师／事务所：MVRDV

地址：Dunantstraat 10, PO Box 63136, NL - 3002 JC Rotterdam

网址：www.mvrdv.nl

摄影：Rob 't Hart / MVRDV（概念／施工）

1-04 Ozuluama Residence

动工：2004年6月（设计），2007年10月（施工）

竣工：2008年05月

基地面积：150平方米

建筑面积：120平方米

计划团队：Kurt Sattler, Julio Amezcua, Francisco Pardo

建筑师／事务所：Architects Collective

地址：Hohlweggasse 2 / 25, 1030 Vienna, Austria

网址：www.ac.co.at

摄影：Wolfgang Thaler

结构工程：Colinas de Buen

立面系统：Vilcre

立面设计：Gabriela Diaz

承包商：Factor Eficiencia

厨房设计：Angel Sanchez

1-05 Chelsea Hotel Penthouse

动工：1999年（设计），2000年（施工）

竣工：2001年

基地面积：60平方米

计划团队：Blake Goble, Bennett Fradkin

结构工程师：Nat Oppenheimer, Robert Silman Associates, New York.

建筑师／事务所：B Space Architecture + Design LLC

地址：135 West 29th Street, Suite 1203 New York, NY 10001, USA

网址：www.bspacearchitecture.com

摄影：Bjorg Magnea / Blake Goble（施工）

1-06 Sky Court

动工：2008年（设计），2009年（施工）

竣工：2009年

基地面积：114.62平方米

建筑面积：224.40平方米

计划团队：Keiji Ashizawa / Rie Honjo

结构工程师：ASA Akira Suzuki

建筑师／事务所：芦沢启治建筑设计事务所、一级建筑士事务所
（Keiji Ashizawa Design Co.）

地址：〒112-0002 东京都 文京区 小石川 2-17-15 1F (zip 112-0002, 2-17-15 1F,
　　　Koishikawa Bunkyo-ku, Tokyo, Japan)

网址：www.keijidesign.com

摄影：Takumi Ota

1-07 House in Egoda

建筑师／事务所：Suppose Design Office

地址：〒730-0843 広島市中区舟入本町15-1 (zip730-0843, Building 725,15-1,
　　　Funairihonmachi, Nakaku, Hiroshima, Japan)
网址：www.suppose.jp

1-08 Maximum Garden House
竣工：2010年
建筑面积：350平方米
设计团队：Alan Tay, TF Wong, Benny Feng

建筑师／事务所：Formwerkz Architects
地址：12 Prince Edward Road, Bestway Building Annex D 01-01/02, Singapore
　　　079212
网址：www.formwerkz.com
摄影：Jeremy San

1-09 Growing House
动工：2001年4月（设计），2005年8月（施工）
竣工：2006年8月
建筑面积：260平方米
计划团队：Mike Tonkin, Robert Urbanek-Zeller, Anna Liu, Jochen Kälber, Anne-
　　　Charlotte Wiklander, Christian Junge, Emu Masuyama, Myung Min Son
执行建筑师：Mike Tonkin, Robert Urbanek-Zeller

建筑师／事务所：Tonkin Liu with Richard Rogers
地址：5 Wilmington Square, London WC1X 0ES
网址：www.tonkinliu.co.uk
摄影：Tonkin Liu

结构工程：Expedition Engineering
服务工程：BDSP
SAP顾问：ECD Projects Services
工料测量：KHK Group
计划管理：KHK Group
防火顾问：Warrington Fire
景观设计：Tonkin Liu, Tendercare Nursery

灯光设计：Tonkin Liu，BDSP
墙面测量：RVM Partnership
法律顾问：Campbell Hooper
主要建商：MJH
种植结构：Tender care
钢结构：City Steel
幕墙结构：Schuco International
电工：R J Mechanical

1-10 Hemeroscopium House

动工：2005年12月
竣工：2008年6月
建筑面积：400平方米
计划团队：Elena Pérez, Débora Mesa, Marina Otero, Ricardo Sanz, Jorge
        Consuegra

建筑师／事务所：Ensamble Studio
地址：C/Mazarredo 10 28005, Madrid SPAIN 410
网址：www.ensamble.info
摄影：Ensamble Studio
工料测量：Javier Cuesta
发展商：Hemeroscopium
建构商：Materia Inorgánica

1-11 Nibelungengasse

动工：2003年9月（设计），2005年6月（施工）
竣工：2008年
基地面积：2402平方米
建筑面积：2102平方米
计划团队：Rüdiger Lainer, Andreas Aichholzer (PI), Constanze Kutzner, Julia
        Zeleny, Antonius Thausing, Gernot Soltys, Almut Fuhr, Markus Major

建筑师／事务所：RÜDIGER LAINER + PARTNER
地址：Architekten ZT GmbH, Bellariastraße 12, 1010 Vienna, Austria
网址：www.lainer.at

摄影：Hubert Dimko / Sabine Gangnus

1-12 Bondi Penthouse

竣工：2010年
基地面积：435平方米
建筑面积：215平方米

建筑师／事务所：MPR Design Group Pty Ltd
地址：Level 4, 50 Stanley Street, East Sydney NSW 2010
网址：www.mprdg.com
摄影：Brett Boardman

Chapter 2

2-01 Rooftop Remodelling Falkestraße

动工：1983年（设计），1987年（施工）
竣工：1988年
基地面积：400平方米
计划建筑师：Franz Sam
计划团队：Mathis Barz, Robert Hahn, Stefan Krüger, Max Pauly, Markus Pillhofer,
　　　　　Karin Sam, Valerie Simpson
结构工程：Oskar Graf, Vienna, Austria

建筑师／事务所：Coop Himmelb(l)au
地址：Wolf D. Prix / W. Dreibholz & Partner ZT GmbH, Spengergasse 37, A–1050
　　　Vienna, Austria
网址：www.coop-himmelblau.at
摄影：Gerald Zugmann / www.zugmann.com

2-02 Diane von Furstenberg (DVF) Studio

动工：2004年6月（设计），2006年2月（施工）
竣工：2007年6月
建筑面积：2790平方米

计划建筑师：Silvia Fuster, Eckart Graeve, Michael Chirigos

建筑师／事务所：Work AC
地址：156 Ludlow Street, 3rd Floor NY NY 10002
网址：www.work.ac
摄影：Elizabeth Felicella

设计团队：Mirza Mujezinovic, Kirsten Krogh, Rune Elsgart, Christina Kwak, Andrew Sinclair, Brendan Kelly, Marc El Khouri, Judith Tse, Lamare Wimberly, Benjamin Cadena, Dana Strasser, Tina Diep, Jacob Lund, Erin Hunt, Martin Hensen Krogh, Martin Laursen, Dayoung Shin, Sylvanus Shaw, Forrest Jesse, Queenie Tong, Christo Logan, Fred Awty, Elliet Spring, Anna Kenoff.
结构工程：Goldstein and Associates
机械工程：Athwal Associates（主建筑）/ Syska Hennessy（阁楼）
建造商：Americon
水晶，研究和发展：D. Swarovski & Co.

2-03 Rooftop Office Dudelange
动工：2009年4月（设计）
竣工：2010年10月
基地面积：250平方米
建筑面积：1000平方米
计划团队：Türkan Dagli, Mathias Eichhorn

建筑师／事务所：Dagli Atelier d'architecture
地址：64, Avenue Guillaume L-1650 Luxembourg
网址：www.dagli.lu
摄影：Jörg Hempel Photodesign

2-04 Skyroom
动工：2010年6月
竣工：2010年9月
建筑面积：140平方米
设计团队：David Kohn, Ulla Tervo, Olivia Fauvelle, Jamie Baxter

建筑师／事务所：David Kohn Architects Ltd
地址：511 Highgate Studios, 53-79 Highgate Road, London NW5 1TL, UK
网址：www.davidkohn.co.uk
摄影：William Pryce / David Kohn（建设）

结构工程：Form Structural Design
建构商：REM Projects
灯光设计：David Kohn Architects
观景设计：Jonathan Cook Landscape Architects

Chapter 3

3-01 Rooftop Cinema
计划团队：Grant Amon, Delia Teschendorff, Justin Fagnani
建筑师／事务所：Grant Amon Architects Pty Ltd
地址：Suite 102 / 125 Fitzroy Street, St Kilda VIC 3182, Australia
网址：www.grantamon.com
摄影：John Gollings (125-127)

六楼施工：Andrew Waters P/L
顶楼施工：Mc Corkell Constructions P/L
结构顾问：Adams Engineering & ARUP（荧幕）
通讯顾问：One Productions
行销＆电影：Hunter, One Productions audio + visual

3-02 TKTS Booth
概念设计：Choi Ropiha
开发与执行建筑师：Perkins Eastman
地址：115 Fifth Avenue，New York, NY 10003
网址：www.perkinseastman.com
摄影：Theatre Development Fund
合作伙伴：Theatre Development Fund, Times Square Alliance, Coalition for
　　　　　Father Duffy, The City of New York

景观设计：William Fellows Architects

结构工程：Dewhurst Macfarlane and Partners, DMJM Harris, Schaefer Lewis
　　　　Engineers

施工：Lehrer, D. Haller IPIG Merrifield-Roberts

3-03 Your Rainbow Panorama

建筑师／事务所：Olafur Eliasson

地址：Christinenstraße 18/19, Haus 2, 10119 Berlin, Germany

网址：www.olafureliasson.net

摄影：Ole Hein Pedersen (135), Ricardo Gomes (138), Lars Aarø and Studio Olafur
　　　Eliasson

3-04 Nomiya

竣工：2009 年

建筑面积：63 平方米

结构／立面工程师：ARCORA

建筑师／事务所：Laurent Grasso & Pascal Grasso

地址：19, rue Decrès 75014 PARIS

网址：www.laurentgrasso.com

摄影：Kleinefenn

3-05 Studio East Dining

竣工：2010 年

建筑面积：800 平方米

建筑师／事务所：Carmody Groarke

地址：21 Denmark Street, London WC2H 8NA

网址：www.carmodygroarke.com

摄影：Gay May（150 左, 151）, Timothy Everest（150 右）, Luke Hayes（其他）

3-06 Metropol Parasol

动工：2004 年

竣工：2011 年

计划建筑师：Jürgen Mayer H., Andre Santer, Marta Ramírez Iglesias

建筑师／事务所：J. MAYER H. Architects

地址：Bleibtreustrasse 54 10623 Berlin

网址：www.jmayerh.de

摄影：David Franck, Ostfildern Germany (www.davidfranck.de)

计划团队：Ana Alonso de la Varga, Jan-Christoph Stockebrand, Marcus Blum, Paul
　　　　　Angelier, Hans Schneider, Thorsten Blatter, Wilko Hoffmann, Claudia
　　　　　Marcinowski, Sebastian Finckh, Alessandra Raponi, Olivier Jacques,
　　　　　Nai Huei Wang, Dirk Blomeyer (Management Consultant 1st Phase)

计划工程：Arup

木工建构：Finnforest

3-07 Secondary Landscape

动工：2004年1月（设计），2004年3月（施工）

竣工：2004年4月

建筑面积：75.72平方米

计划团队：MOUNT FUJI ARCHITECTS STUDIO / Masahiro Harada + MAO

建筑师／事务所：Masahiro Harada + MAO / Mount Fuji Architects Studio

地址：Akasaka heights 501, 9-5-26 Akasaka,Minato-ku,Tokyo 107-0052 Japan

网址：www14.plala.or.jp/mfas/fuji.htm

电话：+81(0)3-3475-1800

摄影：Mount Fuji Architects Studio

3-08 Maritime Youth House

基地面积：2000平方米

竣工：2004年6月

计划团队：Julien de Smedt, Bjarke Ingels, Annette Jensen, Finn Noerkaer,
　　　　　Henning Stuben, Joern Jensen, Mads H Lund, Marc Jay, NinaTer-Borch

顾问：Birch & Krogboe A/S: Jesper Gudman, Struktur

建筑师／事务所：JDS ARCHITECTS

地址：Rue des Fabriques 1B, 1000 Brussels BELGIUM

网址：www.jdsa.eu

建筑师／事务所：BIG（Bjarke Ingels Group）
地址：Nørrebrogade 66D, 2nd floor, 2200 Copenhagen N, Denmark
网址：www.big.dk
摄影：Julien De Smedt（169, 170 中, 170 下, 173）/ Paolo Rosselli（其他）/
　　　Mads Hilmer

3-09 Fuji Kindergarten
竣工：2007 年
基地面积：1304.01 平方米
施工：株式会社竹中工务店
创意总监：佐藤可士和
灯光设计：Masahide Kakudate/Lighting Architect&Associates

建筑师／事务所：TEZUKA ARCHITECTS
地址：1-19-9-3F, Todoroki, Setagayaku, Tokyo,158-0082 JAPAN
网址：www.tezuka-arch.com
摄影：Katsuhisa Kida / FOTOTECA

3-10 Kinderstad
动工：2003 年 11 月（设计），2006 年 5 月（施工）
竣工：2008 年 2 月
建筑面积：1000 平方米

建筑师／事务所：SPONGE ARCHITECTS
地址：TT. Neveritaweg 15N, NL-1033 WB Amsterdam, The Netherlands
网址：www.sponge.nl
摄影：Kees Hummel

建筑承包：BAM Utiliteitsbouw, Amsterdam
结构工程：DHV, Rotterdam
装置：Kropman, Utrecht

Chapter 4

4-01 Brooklyn Grange

组织：Brooklyn Grange

地址：37-18 Northern Blvd, Long Island City, NY 11101

网址：www.brooklyngrangefarm.com

摄影：Anastasia Cole

4-02 SYNTHe: SYNTHETIC ECOLOGIES

计划领导：Alexis Rochas

计划团队：Jeremy Backlar, Leigh Bell, Reymundo Castillo, Deborah Fuentes, John
Klein, John Ford, Santino Medina, Leandro Rolon, Wataru Sakaki.

团队协调：Patrick Shields

建筑工程：Bruce Danziger. Arup, Los Angeles

景观设计：Terence Toy, Los Angeles Community Garden Council

建筑师／事务所：I/O, SCI-Arc Design & Technology Faculty

地址：560 S. Main Street suite 7S Los Angeles, CA 90013

网址：io-platform.com

摄影：Alexis Rochas（203）/ Michael Shields（202）/ Tom Bonner（其他）

4-03 High Line

计划团队：James Corner Field Operations，Diller Scofidio + Renfro，Piet Oudolf.

组织：Friends of the High Line

地址：529 West 20th Street, Suite 8W New York, NY 10011

网址：www.thehighline.org

摄影：Friends of the High Line（Anthony Stewart [207] / 9029 Gryffindor [209] /
Pamela Skillings [208, 210, 211] / Ken@Denverinfill [213] / Elena Isella [210]
/ Maureen Hodgan [212]）

结构／MEP工程：Buro Happold: Structural

结构工程／历史保护：Robert Silman Associates

种植设计：Piet Oudolf

照明设计：L'Observatoire International
标志设计：Pentagram Design, Inc.
灌溉工程：Northern Designs
环境设计：GRB Services, Inc.
土木及交通：Philip Habib & Associates
土壤科学：Pine & Swallow Associates, Inc.
公共空间管理：ETM Associates
水景工程：CMS Collaborative
成本估算：VJ Associates
守则顾问：Code Consultants Professional Engineers
基地测量：Control Point Associates, Inc.
加快：Municipal Expediting Inc.
驻地工程师：LiRo/Daniel Frankfurt
施工：SiteWorks Landscape
承包：Management KiSKA Construction
建设管理：Bovis Lend Lease
社区联络：Helen Neuhaus & Associates

4-04 Casa V

动工：2006年（设计），2008年（施工）
竣工：2009年
基地面积：250平方米
建筑设计：Felipe Mesa (Plan: B), Giancarlo Mazzanti
计划团队：Viviana Peña，Jose Orozco，Jaime Borbón，Andrés Sarmiento，
　　　　　Juan Pablo Buitrago

建筑师／事务所：Plan: B Arquitectos
地址：Crr 33 # 5G 13 Apto 301 Medellín, Colombia
网址：www.planbarquitectura.com
摄影：Rodrigo Davila
构造者：Jaime Pizarro
微积分工程师：Nicolas Parra

4-05 Birkegade Rooftop Penthouses

竣工：2011年

基地面积：900平方米

建筑师／事务所：JDS ARCHITECTS

地址：Rue des Fabriques 1B 1000 Brussels Belgium

网址：jdsa.eu

摄影：Nikolaj Moeller / JDS HEECHAN PARK

计划团队：Julien De Smedt, Jeppe Ecklon, Sandra Fleischmann, Kristoffer
Harling, Francisco Villeda, Janine Tüchsen, Claudius Lange, Benny
Jepsen, Andrew Griffin, Aleksandra Kiszkielis, Nikolai Sandvad, Emil
Kazinski, Bjarke Ingels, Mia Frederiksen, Nanako Ishizuka, Thomas
Christoffersen, Eva Hviid, Morten Lamholdt

图书在版编目（CIP）数据

屋顶记：重拾绿建筑遗忘的立面／（马来）甄建恒著．--济南：山东人民出版社，2016.7

　ISBN 978-7-209-09128-2

Ⅰ.①屋... Ⅱ.①甄... Ⅲ.①屋顶－建筑设计　Ⅳ.① TU231

　中国版本图书馆 CIP 数据核字 (2015) 第 207459 号

山东省版权局著作权合同登记号 图字：15 － 2013 － 164

责任编辑　王海涛

屋顶记：重拾绿建筑遗忘的立面
（马来）甄建恒　著

主管部门　山东出版传媒股份有限公司
出版发行　山东人民出版社
社　　址　济南市胜利大街 39 号
邮　　编　250001
电　　话　总编室（0531）82098914
　　　　　市场部（0531）82098027
网　　址　http://www.sd-book.com.cn
印　　装　北京图文天地制版印刷有限公司
经　　销　新华书店

规　　格　16 开（170mm×220mm）
印　　张　16
字　　数　240 千字
版　　次　2016 年 7 月第 1 版
　　　　　2016 年 7 月第 1 次
书　　号　ISBN 978-7-209-09128-2
定　　价　48.00 元

如有质量问题，请与印刷厂调换。010-84488980